趣味數學研究
面白くて
れなくなる数学
SUMU SAKURAI
井進——著 許郁文——譯
U0073143

前言

請大家看一下封面的圖。

這張圖稱為魔方陣。所謂的魔方陣是指垂直、水平、斜向的格子相加之後，總和都相同的圖，而封面這張圖稱為「魔六角陣」，水平、傾斜的總和都相同。

請大家務必再次仔細觀察封面這張圖。

你應該會對數字的神祕感到驚豔吧？

日本的關孝和以及印度的拉馬努金，都是因為這份感動而成為數學家的。這兩位天才數學家都在小時候遇見魔方陣，也打從心底愛上魔方陣。

拼圖可說是進入數學世界的入口。

因此進入數學世界的人，也會展開一趟計算的旅程。

踏上這趟旅程的我們，一步步走進充滿未知的數學世界。數學是能夠描述這個宇宙的語言，為我們勾勒這個寬闊世界的輪廓。

我們的生活也處處藏著數學，舉凡樂透、賭博、化妝技巧、國字、男女邂逅機率，都與數學息息相關。

本書的原文書名《超 面白くて眠れなくなる数学》（超有趣，讓人睡不著覺的數學）之所以加上「超」這個字，是有理由的。其實數學有許多加上「超」的用語，這部分也會在「Part III」進一步介紹。

超空間、超幾何級數、超越數、超數學都是其中的例子。雖然這些無法在高中數學學到，但其實數學本身就是一種「超乎」語言的存在，幫助我們探索我們無法觸及的宇宙盡頭，以及帶領我們深入微觀的世界。

數學有這麼多加上「超」的用語，實在讓人覺得很有趣，我也很想讓大家體會這種趣味。

踏上計算之旅的旅行者──數學家到底是帶著什麼樣的遠景展開這趟旅程的呢？又是帶著什麼樣的心情，一步步走在旅途之中的呢？他們又在終點看到了什麼風景呢？科學領航者如此說道：

數學到底來自何處呢？

在回顧歷史的時候

就能看到數學的棲身之處

人類為什麼要學習數學？

太初有道

而計算是趟旅程

讓我們一起踏上尋找數學之道的旅程。

為了讓大家更安全地欣賞這趟旅程的風景，以及了解數學這種語言，就由我科學領航者為你帶路。

趣味數學研究所 目錄

Part Ⅱ 一讀就停不下來的數學

超有趣！一讀就不想睡覺的數學

好玩到讓人睡不著的「人與數學」

內文插畫：宇田川由美子

Part I

忍不住想跟別人介紹的數學

樂透跟賭場，哪邊比較好賺？

賭場裡的賭博很危險？

賭場在日本給人的印象不是很好。賭場作為美國拉斯維加斯的象徵之一，的確比日本的賭博牽涉了更大的資金流動。

不過，實際去一趟賭場就會發現，其實現場的感覺沒有想像中那麼糟，反而會覺得賭場就是個讓人興奮的遊樂園，這種落差還真是不可思議。

不過，日本的賭博與日本所沒有的賭場在數學上有決定性的差異。

接著就讓我們透過數值了解這個差異。

揭露賭博的祕密

對賭博有興趣的人應該都聽過「期望值」或是「報酬率」這類字眼，也就是「賭博贏了可以贏多少錢回來」的指標。如果是賽馬的話，則會說成「賠率」（Odds）。順帶一提，外國的賭場或是博彩公司口中的「賠率」與日語的「賠率」在意思上有些出入。

日語的「賠率」是指「賭資與彩金的倍率」。

就賽馬而言，假設「『櫻花驀進王』獨贏為120日圓（1.2倍）」，代表「『櫻花驀進王』贏得這場比賽時，100日圓的馬券可以換到120日圓（1.2倍）」。

不過，外國的賠率卻是根據機率算出的數值。

假設獲勝的機率為「p」，那麼輸掉的機率就是「1－p」，那麼「輸掉的機率與獲勝的機率的比率就會是p／1－p」，這就是外國賠率的定義（本書之後提到賠率，皆以外國的定義為準）。

簡單來說，「當賠率為0.1，代表1元賭資可以贏得1／0.1＝10元。也就是說，押1元賭資，可以贏得1＋10＝11元」，如果換成日本的說法，就是「倍率11倍」的意思。接著讓我們多舉幾個例子。

假設賠率為「0.25」，代表可以贏得「1／0.25＝4」，也就是「倍率5倍」的意思。

假設賠率為「1」，代表可以贏得「1／1＝1」，也就是「倍率2倍」的意思。

假設賠率為「2」，代表可以贏得「1／2＝0.5」，也就是「倍率1.5倍」的意思。

假設賠率為「4」，代表可以贏得「1／4＝0.25」，也就是「倍率1.25倍」的意思。

由此可知，當賠率比「1」小越多，「能贏到的彩金就越高」。

中樂透的機率有多少？

話說回來，「期望值」也是根據上述的機率求出的數值。

「樂透獎金的期望值＝中獎機率×彩金」。

樂透的各獎中獎機率以及各獎彩金都是固定的，而期望值則是由各獎的「中獎機率×彩金的總和」算出。

接著讓我們根據下一頁的資料，實際算算看手邊的彩券的

「期望值」吧。以發行的彩券張數除以獎金 × 中獎機率的總和」，就能算出「期望值」。透過這個計算也能得知「為什麼日本沒有賭場」。

目前已知的是，二〇二〇年年底的巨無霸樂透的「期望值」為「149.995日圓」，這是一張300日圓的樂透彩券的期望值。

若將這個期望值換算成「每100日圓的期望值」，約等於「49.998日圓」，換算成百分比之後，就會是「49.998%」，而這個百分比就是所謂的「報酬率」。

這意味著「每100日圓可贏得49.998日圓的彩金」，而「期望值」與「報酬率」都是實際能拿回多少錢的指標。

◆日本樂透徹底解析

資料來源為2020年年末巨無霸樂透（第862次全國自治樂透）

等級	獎金	本數（22單位）	1單位（2000萬張）	獎金×本數（1單位）
1等	700,000,000日圓	22本	1本	700,000,000日圓
1等前後獎	150,000,000日圓	44本	2本	300,000,000日圓
1等不同組獎	100,000日圓	4,378本	199本	19,900,000日圓
2等獎	10,000,000日圓	88本	4本	40,000,000日圓
3等獎	1,000,000日圓	880本	40本	40,000,000日圓
4等獎	50,000日圓	44,000本	2,000本	100,000,000日圓
5等獎	10,000日圓	1,320,000本	60,000本	600,000,000日圓
6等獎	3,000日圓	4,400,000本	200,000本	600,000,000日圓
7等獎	300日圓	44,000,000本	2,000,000本	600,000,000日圓
			合計金額	2,999,900,000日圓

期望值＝ 2,999,900,000 日圓 ÷20,000,000 本＝ 149.995 日圓／本

◆賭博的報酬率

賭博	報酬率
日本的樂透	45.7%
賽馬、自行車競賽	74.8%
柏青哥、柏青嫂	60%～90%（沒有公布的數據）
輪盤	94.74%
吃角子老虎	95.8%
百家樂（玩家）	98.64%
百家樂（莊家）	98.83%

哪種賭博比較好賺？

順帶一提，「期望值」的單位是圓，但是「報酬率」沒有單位。

光看樂透的期望值無法判斷，所以讓我們比較各種賭博的「報酬率」（參考上圖）。

大家應該已經發現，日本賭博的報酬率比賭場（輪盤、吃角子老虎、百家樂）還要低。

樂透、賽馬、自行車競賽這類日本合法博奕的報酬率之所以這麼低，是因為扣掉獎金與行政費用之後所剩的收益金，會是發行縣市的收入。

雖然這就是合法博奕存在的目的，但反過來說，這也是賭場難以成立的原因。

大賺還是小賺？

從報酬率90%以上這個數據不難發現，賭場的「報酬率非常高」，這也是賭場的特徵之一，所以賭客才能以有限的資金玩很久。

哪怕報酬率只比100%低一點，莊家（荷官）一定能靠這點差距「賺錢」。

只有賭場才能讓賭客一擲千金，在一瞬間決勝負，或是以有限的金額玩很長的時間。由此可知，賭場的高報酬率是非常合理的設計。

換句話說，如果日本開放民營賭場，合法博奕、柏青哥、柏青嫂肯定會遭受毀滅性的打擊。

我不知道日本何時會有賭場，我也不會特地推薦賭場或賭博，但就數學的角度來看，「能以有限的金額放心玩的賭場」似乎比「高風險的合法博奕」來得更加划算。

對此，大家又有什麼樣的看法呢？

了解報酬率
是玩得開心的祕訣

賭博必勝法！但是有但書……

賭博居然有必勝法？

賭博沒有盡如人意的必勝法，但是有附加「某些條件」的必勝法。

其中之一就是「平賭法」(Martingale)。這是一種「在賭贏的時候，賠率（可拿回幾倍賭注的倍率）超過2倍」的賭博方式，只要使用這種方法就一定能夠獲勝。

首先讓我們先了解這種賭博方式的原理。

必勝法的原理就是賭博

為了方便大家了解，讓我們以可以拿回兩倍賭注的情況說明。

假設一開始的賭注是100元，賭贏了可拿回2倍的200元，扣除成本之後，等於賺了100元對吧？

假設第一次就輸了，下次就賭2倍的200元。假設這次賭贏了，就可以拿回2倍的400元，此時贏到的錢等於「400－

（100＋200）＝100（元）」。

假設賭第二次的時候輸了，接著就將賭注提高至2倍的400元，若在此時贏了，就可拿回2倍的800元，所以贏到的錢等於「800－（100＋200＋400）＝100（元）」。

假設在賭第三次的時候輸了，就將賭注提升至2倍的800元，而此時若是贏了，就能拿回賭資2倍的1600元，贏到的錢等於「1600－（100＋200＋400＋800）＝100（元）」。

假設這次又輸了，就將賭注提升至2倍的1600元，而此時若是贏了，就能拿回賭資2倍的3200元，贏到的錢等於「3200－（100＋200＋400＋800＋1600）＝100（元）」。

假設又輸了，就將賭注提升至2倍的3200元，而這次若是贏了，就能拿回賭資2倍的6400元，贏到的錢等於「6400－（100＋200＋400＋800－1600）＝100（元）」。

想必大家已經知道這種賭博方式的原理了。

簡單來說，這就是「輸了就將賭注提升至2倍，直到贏了為止」的方法，但不管是在哪一次贏，都只能贏到與最初的賭注相同的金額，也就是100元而已。

由此可知，「平賭法」就是不斷讓賭注翻倍的賭法。假設贏了之後還要繼續賭，就要從頭執行這個方法，也不能拿剛剛贏到的錢當賭注。

模擬必勝法

接下來讓我們實際操作看看。

上述的「平賭法」告訴我們，如果一直輸的話，需要的賭資會越來越多，所以一開始要先準備充足的賭資。

假設在剛剛的賭局一直輸的話，到底需要多少賭資才能翻本？讓我們試著計算會輸掉多少吧。

輸一次　　100＋200＝300（元）

輸二次　　100＋200＋400＝700（元）

輸三次　　100＋200＋400＋800＝1500（元）

⋮

輸八次　　51100（元）

輸九次　　102300（元）

輸十次　　204700（元）

輸n次　　（2的（n＋1）平方－1）×100（元）

如果將這個結果整理成表格，可得到下頁的結果。

由此可知，如果準備了10萬元的賭資，而且都以「平賭法」的方法下注的話，那麼連輸八次就會輸掉51100元，也就沒錢繼續下注第九次，因為第九次所需的賭資為51200元，而這就是賭博，最後損失51100元。

由此可知，賭資越充足，能下注的次數就越多；賭資越不足，能下注的次數就越少，這點想必大家都知道。

而且經過上述的計算之後，大家應該已經發現「不管準備多麼充足的賭資，最終只能贏100元」這件事。

準備了10萬元的賭資，最後卻只能贏到100元的話，這種必勝法實在不怎麼吸引人。

話說回來，實際的賠率通常不會是2倍，有些賭博的賠率會落在2倍以下，到幾十倍、幾百倍以上的範圍。

當賠率不是2倍，而是10倍的時候，就不會只是贏到100元，而是能夠贏到一大筆錢。

若以剛剛的例子來看，在第五次下注1600元，而賠率是10倍的話，就能贏到「16000－3100＝12900(元)。如果賠率真是如此的話，那當然可以試試這個必勝法。

◆以平賭法不斷下注的話…

	賭注	賭注總和
第1次	100元	100元
第2次（輸1次）	200元	300元
第3次（輸2次）	400元	700元
第4次（輸3次）	800元	1,500元
第5次（輸4次）	1,600元	3,100元
第6次（輸5次）	3,200元	6,300元
第7次（輸6次）	6,400元	12,700元
第8次（輸7次）	12,800元	25,500元
第9次（輸8次）	25,600元	51,100元
第10次（輸9次）	51,200元	102,300元
第11次（輸10次）	102,400元	204,700元

實踐「平賭法」

既然如此，在此介紹一個實例。

某次我參加了某電視台的數學特別節目。該節目先說明了「平賭法」的機制，之後又以賽馬為題，實驗了「平賭法」。

電視台主播潛入中山賽馬場之後，設定「只在單勝倍率為2倍以上的情況買馬券」的規則，然後從「100元」開始下注，也就是依照前一頁的表格所計算的情況下注。

這項實驗真正有趣的部分在最後贏錢時的賠率。這位主播連續輸了十次，直到第十一次才以2.8倍的賠率贏得彩金。贏到的彩金為「102400×2.8－24700元＝82020（元）」。

這次的實驗真的很順利，所以讓我們思考一下，為什麼要設定「單勝倍率為2倍以上」這項規則吧。

就實際情況來看，賽馬的賠率是浮動的。如果你是有錢人，一口氣砸大錢買下賠率稍微超過2倍的馬券，就有可能會讓這個馬券的賠率降到2倍以下。

如果購買的是賠率1.9倍的馬券，就算贏了，也不一定會賺錢。

要根據正確的賠率實踐「平賭法」，需要高度的判斷能力。

高風險，不確定的報酬？

這就是帶有條件的必勝法，也就是「平賭法」的原理。

賽馬一天跑十二場，如果這十二場都輸的話，就會賠上409500元，而且就算貢獻了這麼多，贏的時候也不知道賠率會變成多少，所以不會知道到底能贏到多少彩金。

容我重申一次，假設賠率剛好是2倍，那麼不管賭金提高到多少，最終只能贏「剛好100元」而已。

◆ 越賭花越多錢！

	賭注	賭注總和
第12次（輸11次）	204,800元	409,500元
第13次（輸12次）	409,600元	819,100元
第14次（輸13次）	819,200元	1,638,300元
第15次（輸14次）	1,638,400元	3,276,700元
第16次（輸15次）	3,276,800元	6,553,500元
第17次（輸16次）	6,553,600元	13,107,100元

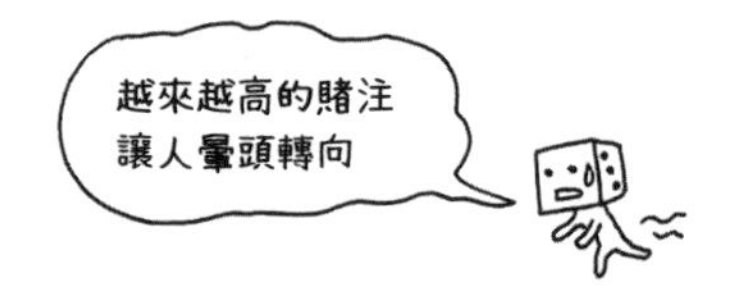

這還真是高風險低回報呢。

如果第十二場賽馬的賠率為2.1倍，可贏到的彩金為「204800×2.1－409500＝20580（元），如果最終的賠率為3倍，則可贏到204900元。

如果賠率真的像這樣往上漲，那的確是高風險高回報沒錯，但在賽馬實踐「平賭法」，頂多只能得到「高風險，報酬不確定」的結果。

不過話說回來，喜歡賽馬的人，會想要用平賭法嗎？

唯一的必勝法是……

「平賭法」可說是帶有風險的必勝法。如果你只想要穩贏的結果，那只有一種方法。

那就是成為莊家（荷官）。一如在「樂透與賭場，哪邊比較賺錢？」（參考第12頁）所介紹的，從最終的結果來看，賭博是一種「賭客一定輸錢，莊家一定贏錢的遊戲」。

如果你是賭客，最好只把賭博這回事當成娛樂，千萬不要想靠賭博賺錢。

骰子的雙與單都是$\frac{1}{2}$的機率

利用數學展現魅力！美人角

為什麼蒙娜麗莎如此吸引人？

出演電影《羅馬假期》的女演員奧黛麗赫本如今仍是光芒十射、風情依舊。

從好萊嶋明星一躍成為摩納哥王妃的葛麗絲凱莉、紅顏薄命的女演員瑪麗蓮夢露，還有出自李奧納多達文西之手，被譽為「微笑的象徵」的名畫「蒙娜麗莎」。

這些受人喜愛的美人五官有一個共通之處，那就是從左右眼尾往左右嘴角各畫一條線之後，這兩條線的夾角會呈45度。

到底這個45度藏了什麼祕密？

千利休也喜歡45度？

這個45度稱為美人角（類似鵝蛋臉的概念）。

其實美人角與「正方形」以及「白銀比」有關。

日本的建築物都是將山裡的原木裁成正方形的角材之後建造的。裁成正方形的特徵在於最不會浪費木材，而且剖面的韌度

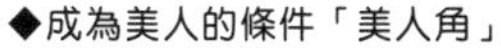

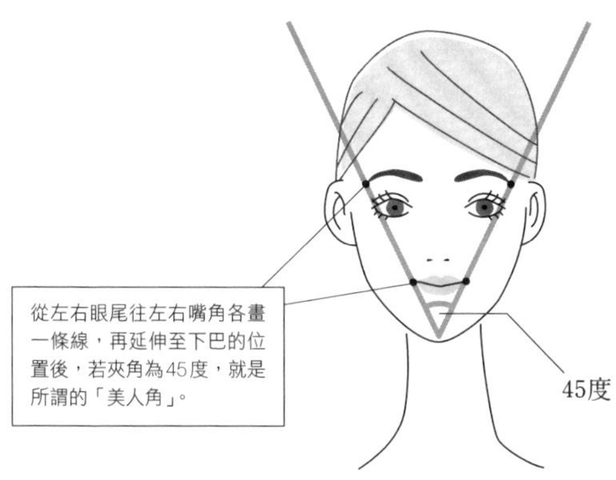

也非常高。

若是走進以這種角材建造的茶室，能看到許多正方形。正方形可說是象徵日本文化的茶室特有的樣式美。

榻榻米的配置、火爐、座墊、襖（不透光紙門）、障子（透光紙門）都為了營造寂靜的氛圍而做成正方形，而且正方形也是澈底減少浪費的形狀。在這個正方形之中，選用合宜的茶具以及將茶具配置在正確位置所塑造的空間，就是所謂的茶道。

◆白銀比

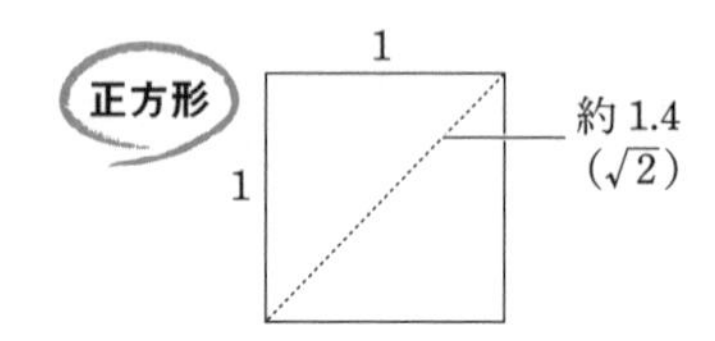

能劇的舞台也是45度

此外，在正方形裡面畫出一條對角線，也可以得到45度。

日本傳統戲劇「能劇」的舞台也一定得是「正方形」。我曾聽過，扮演能劇主角的「仕手」站在正方形的舞台表演時，都會注意這條對角線。換言之，充滿幽玄氣息的能劇也很重視45度的方向。

另一方面，「白銀比」就是「1：$\sqrt{2}$」的比例，而$\sqrt{2}$約於「1.4」，所以在「正方形」畫一條對角線，就能得到白銀比。

◆茶室也有很多正方形

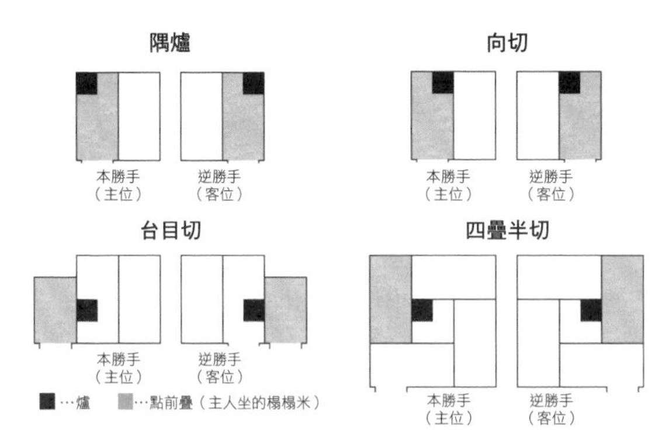

◆能劇的世界也充滿45度

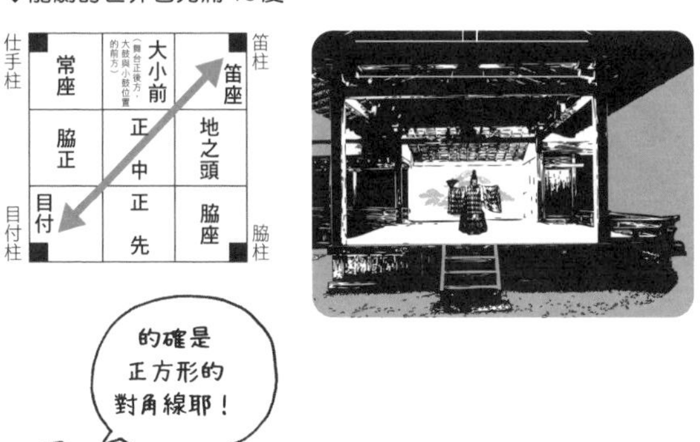

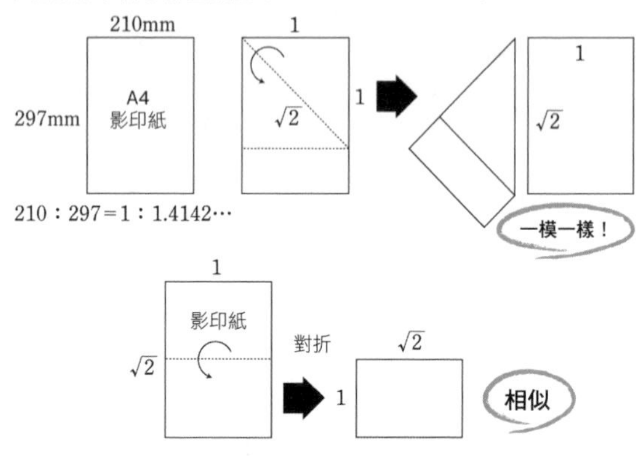

據說雪舟的水墨畫以及菱川師宣的「美人回眸圖」都符合白銀比，都是1比1.4的比例。此外，影印紙的長寬比也是白銀比，所以是「白銀長方形」。

影印紙就算折成一半，形狀仍是原本的長方形，這也是影印紙的特性之一。此外，「白銀比」也是正方形的邊長與對角線的比例。

正方形的邊長與對角線的夾角為45度。45度的直角等腰三角形藏著一個祕訣。

◆無限個相似的三角形

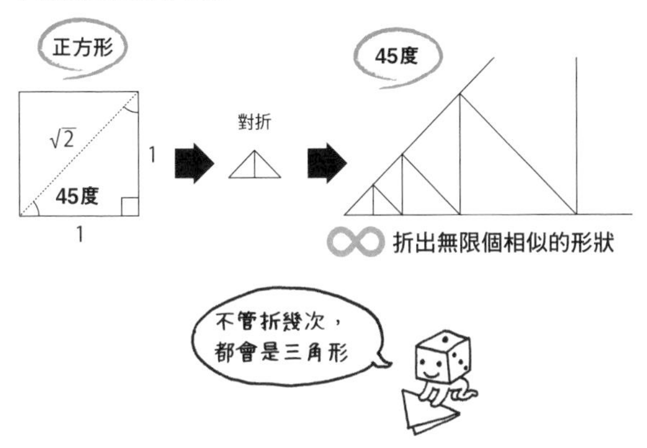

請大家試著想像折紙。沿著對角線將正方形折成一半之後，會得到45度的直角等腰三角形。接著再折成一半的話，就能得到同樣形狀（相似）的直角等腰三角形。

如果繼續對折下去，每次都能得到同樣的直角等腰三角形。

換句話說，可以折出無限個相似的形狀（如果是折紙的話，當然不可能無限對折下去）。

由此可知，45度是讓人聯想到正方形與「白銀比」的角度，而且會讓人聯想到無數個相似的形狀。

說不定一手建立茶湯世界的千利休以及在水墨畫世界留下盛名的雪舟，都察覺了這個「藏在45度之內的祕訣」。

美人妝由角度決定

女性的容顏也是展現美麗的舞台，而其中的45度也讓人聯想到「正方形」與「白銀比」，是一種沒有半點累贅的美麗。

45度的線條也讓人從直角等腰三角形聯想到無限個相似的形狀。

或許45度是個能在不知不覺之中喚醒美感的角度。日本人在看到45度的時候，或許是感受到了「無限之美」，以及「永恆之美」吧。

這就是「美人角45度」的祕訣。

大家也可以試著從正面拍張照片，再仿照29頁的方式在照片上畫兩條線，然後測量這兩條線的夾角，或許你也擁有美人角喔。

如果沒有也沒關係，還是能在化妝的時候應用這個原理。沒錯，只要調整眉毛的長度即可。

有機會的話，請大家務必試試「美人角45度」這項原理。

我沒有眉毛，
畫不出
美人角……
振作點
啦

電子計算機的猜數字魔術

可以用電子計算機玩的魔術

電子計算機是每個人身邊都有的工具。

大家知道，每個人都可以用這個電子計算機玩「猜數字魔術」嗎？接下來要為大家介紹這個魔術，所以請大家先準備一台能顯示十位數數字以上的電子計算機。

接著請一邊向觀眾說出下列的台詞，一邊依照 STEP 的指示輸入數字與符號。

STEP 1

先對觀眾說「接下來我要施展神奇的魔法，請大家稍安勿躁」，然後在電子計算機輸入「12345679」。

STEP 2

輸入「×」之後，對觀眾說：「請從1到9選一個數字按下去，不要讓我看到，然後按下＝」，接著將電子計算機交給觀眾。

STEP3

觀眾輸入數字之後，請觀眾把電子計算機還給你。接著對觀眾說「我要再次施展魔法，解讀你剛剛選的數字」，然後按下「×9＝」。

STEP4

確認顯示的數字之後，一邊給觀眾看電子計算機的螢幕，一邊說出「你剛剛選的數字是這個對吧？」猜出觀眾選擇的數字。

接下來要為大家說明每個步驟，揭露猜中「數字」的原理。

STEP1

輸入「12345679」。

STEP2

假設觀眾選擇的是「7」，就會得到「12345679×7＝86419753」這個結果

STEP3

按下「×9＝」。

◆玩玩看！電子計算機魔術

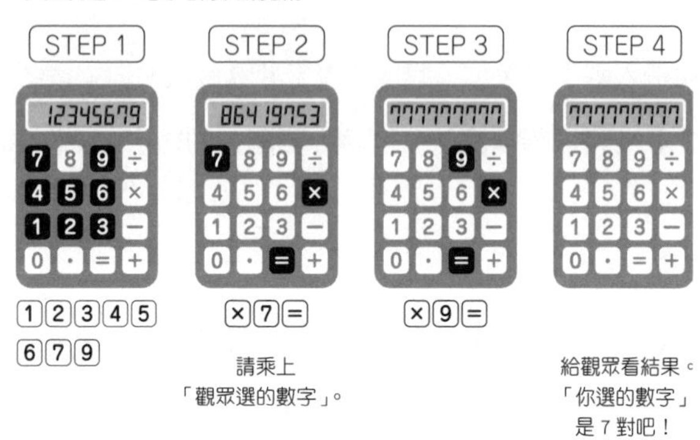

STEP 4

得到「777777777」這個結果。

由於進行到STEP 4的時候，會列出「9個」對手選擇的數字，所以你只要跟對方說「你選擇的是7」，不用真的給對手看電子計算機。

這就是從最終的結果猜中「數字」的原理。

接下來為大家揭露這個電子計算機的魔術。

◆揭露電子計算機魔法的祕密

12345679 × 9 = 111111111

簡單來說，就是從STEP 1到STEP 4進行了「12345679×（觀眾選的數字）×9」這個計算，而這個計算也可以調換成「12345679×9×（觀眾選的數字）」這個順序。

乘法「12345679×9」的答案是「111111111」，所以「111111111×（觀眾選的數字）」答案當然會是「9個觀眾選的數字」。

藏在國字之中的數字

長壽與國字之間的奇妙關係

一如八十八歲在日本被稱為「米壽」，日本為了慶祝長壽，都會替這類歲數另外取一個「〇壽」的別名。比方說，七十七歲的別名為「喜壽」，九十九歲的別名為「白壽」。

為什麼會有這些別名呢？其實從這個部分可以發現日本人對於「藏在國字之中的數字」情有獨鍾的一面。

接下來讓我們找出藏在國字之中的數字吧。

試著將八十八歲的「米壽」的「米」拆開來之後，就會發現「八、十、八」這三個數字，所以「八十八歲」才會稱為「米」壽。

接著讓我們看看七十七歲的「喜壽」。將「喜」這個字寫成草書體的話，會寫成「㐂」這個字，從這個字可以看到「七十七」對吧。

至於九十九歲是「白壽」的理由，在於百歲的別名是「百壽」。請大家把百這個國字的第一筆的橫條拿掉，看起來就是

◆拆解國字之後…

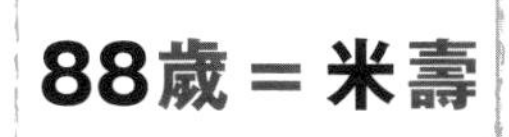

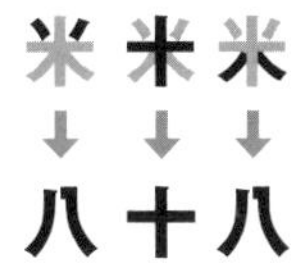

◆祕密藏在草書體裡①

楷書體　草書體

喜＝㐂→七十七

「白」這個國字對吧。

如果以公式說明百與白之間的關係，就會是下一頁的減法算式。

國字的減法與加法

除了前述的例子之外，藏在國字之中的數字還有很多，在此為大家再多介紹幾個。

八十歲在日文稱為「傘壽」，這是因為「傘」的草書體寫成

◆不可思議的國字計算① 得出99這個答案的減法算式

100歲＝百壽　　**99歲＝白壽**

百 － 一 ＝ 白

100 － 1 ＝ 99

◆祕密藏在草書體裡②

80歲＝傘壽

楷書體 草書體

傘 ＝ 仐

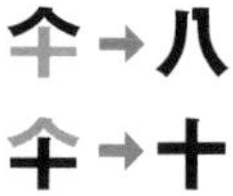

仐 → 八

仐 → 十

◆拆解國字之後…

81歲＝半壽

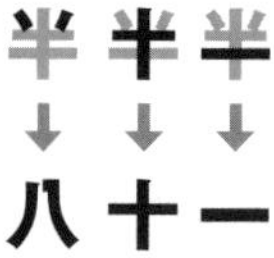

半 半 半

↓ ↓ ↓

八 十 一

◆祕密藏在草書體裡③

◆不可思議的國字計算②　得出111的加法算式

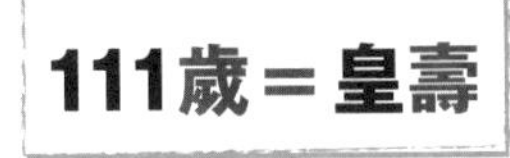

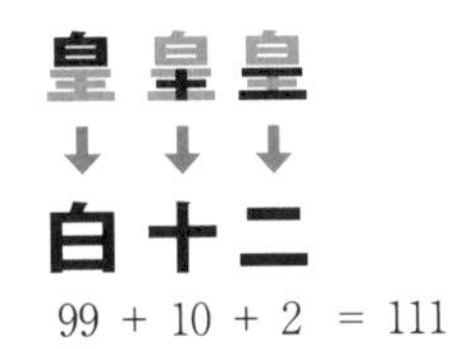

「仐」，看起來就像是「八十」。

而八十一歲則稱為「半壽」或是「盤壽」。仔細觀察「半」就會發現，這個字是由「八」、「十」、「一」組成。

那麼為什麼又稱為「盤壽」呢？

提示是將棋棋盤的格目。將棋棋盤是「9×9」格的大小，所以就是「81」格。

九十歲則稱為「卒壽」。「卒」的草書體為「卆」，拆開來就是「九十」。

一百十一歲則稱為「皇壽」。「皇」可拆成「白」與「王」，而「白」是百這個字拿掉第一筆畫的字，所以就是「100－1＝99」的意思，而「王」則是由「十」（10）與「二」（2）組成，所以「皇」代表「99＋10＋2＝111」。此外，也有人將一百十一歲稱為「川壽」，因為「川」這個國字看起來就像是三個「1」排在一起。

此外，一千零一歲（人類不太可能活到這個歲數就是了…）又稱為「王壽」，「王」這個國字看起來的確很像是「千」與「一」的組合對吧。

國字猜謎「解開茶壽之謎」

最後要問的是，為什麼一百零八歲要稱為「茶壽」呢？

提示是「米壽」。

「茶」的部首是草字頭的「廾」，也就是「10＋10」的「20」，而草字頭下方的部分是「米」，也就是由「八」、「十」、「八」組成的「88」。

所以「20＋88」是多少呢？答案就是「108」囉。

◆不可思議的國字計算③ 得出108的加法算式

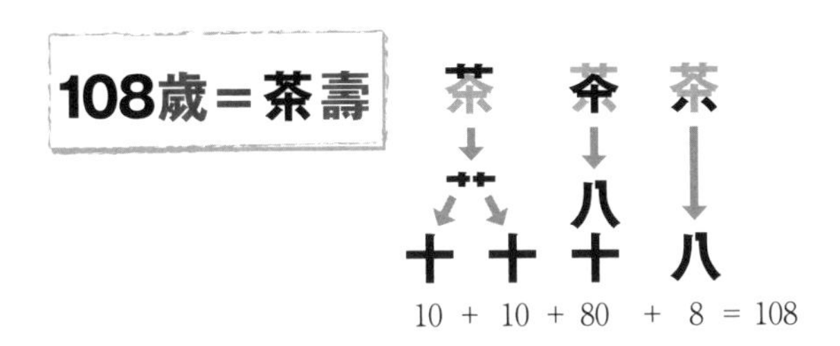

日本人的美感與數字有關

順帶一提，在「採茶」這首歌之中，有一句歌詞唱道「夏天也近了的八十八夜」，而這句歌詞形容了採茶的情況，其中的「八十八」也與「茶」有關係。一說認為，在江戶時代進行曆法改革時，曆法學者澀川春海將八十八夜寫進了曆法。

由此可知，「○壽」這種年齡的別名是祝福長壽的賀詞，這也是日語特有的數字與國字美妙組合。

大家不妨試著挑戰這種數字與國字的組合絕技，一定能找到屬於自己的「○壽」。

尼采與達文西也愛數學

數學將隨著等號這條軌道延續下去

我們與數字有著千絲萬縷的關係。

而數學家經過層層計算之後，得知這些數字之間非常融洽，有著意想不到的相關性。

以數字編織而成的宏偉故事以及藏在故事之中的真實樣貌，與我們追求美麗的本能結合，形成一條永不止息的「等號軌道」。

我們與宇宙串連在一起的數字何等美麗又神祕。能透過這些數字感受其中的神祕，不正是我們人類專屬的特權嗎？

獻給數學的名言

感受到這股神祕的名人，都為數學獻上了讚美。

這世上沒有無法應用數學思維的學問，也沒有與數學無關的事物。

李奧納多・達文西
（學者、畫家。1452～1519）

除了數學之外，再沒有如此強烈、富有魅力並對人類有益的學問。

班傑・明富蘭克林
（政治家、科學家。1706～1790）

數學的發展和完善，與國家的財富息息相關。

拿破崙・波拿巴
（法國皇帝。1769～1821）

天文學只借用了數學之力就得以發展。

弗里德里希・恩格斯
（思想家、革命家。1820～1895）

學習數學可接近永恆的眾神。

柏拉圖
（古希臘數學家。B.C.427～B.C.347）

所有的科學都需要盡可能吸收數學的睿智與準確性。我之所以會如此覺得，不是為了透過數學更了解事物，而是為了奠定我們人類對事物的態度。數學是人類達成共識以及擁有根本見解的唯一手段。

弗里德里希・尼采
（德國哲學家。1844～1900）

> **假設數學是用於觀察的極小單位，那麼數學就是歷史的微分，也是每個人都擁有的意志，而在獲得積分這項技術之後，我們才有可能了解歷史的法則。**
>
> **列夫・托爾斯泰**
> （俄羅斯小說家。1828～1910）

大家覺得如何？對藝術家、哲學家、政治家以及其他的偉人來說，數學不只是數學，而是「世界的真理」與「觀察世界的方法」。

偉大數學家的名言

最後讓我們聽聽催生數學的數學家說了些什麼。

數學是萬物的根源。

畢達哥拉斯
（B.C.570左右～
B.C.469左右）

數學就是對人類精神的盛讚。

卡爾・雅可比
（1804～1851）

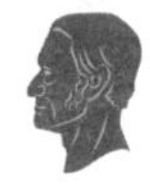

數學的本質不在公式，而在導出公式之際的思考過程。

馬可夫
（1845～1922）

數學就是普世且無可置疑的技術。

史密斯
（1850～1934）

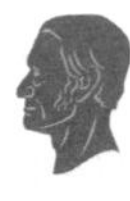

數學使用了許多象徵性的符號，所以常被當成艱澀難懂的學問。的確，再沒有比未知的符號更難懂的東西了。此外，那些只知道部分意義，尚未為人所知的象徵性符號的確很難讓人了解它的來龍去脈。（省略）不過，這些用語本身並不難，反過來說，是為了讓數學變得更容易了解才使用的。數學也有相同的性質。當我們將注意力放在數學的各種概念，符號一定能幫助我們簡化這些概念。

懷海德
（1861～1947）

像魔法般神奇的魔方陣

是拼圖？還是魔術？

數學也有如同魔法般的「魔方」。

接下來介紹的「魔方陣」是「n×n」的格狀圖。在這些格子填入數字之後，不管是垂直、水平還是對角線的方向，所有連成一排的數字的總和都會相等。真是不可思議。

在西方世界，這種魔方圖稱為「Magic Spuare（魔法的正方形）」。

接著讓我們來介紹一些魔方圖。

請大家先看看下一頁的圖。

◆「3×3」的魔方陣

4	9	2
3	5	7
8	1	6

大家應該已經了解是怎麼一回事了吧？

沒錯，垂直、水平與對角線的數字總和都是「15」。

接著讓我們實際動手算算看

首先加總垂直方向的數字。

$2+7+6=15$

$9+5+1=15$

$4+3+8=15$

◆「4×4」的魔方陣

16	3	2	13
5	10	11	8
9	6	7	12
4	15	14	1

接著加總水平方向的數字

4＋9＋2＝15

3＋5＋7＝15

8＋1＋6＝15

最後加總對角線的數字

4＋5＋6＝15

2＋5＋8＝15

不管是哪個方向的數字，加總之後都會得到「15」。這種無數種組合最終化為同一種結果的神祕圖形就是魔方陣。

◆這種魔方陣有什麼了不起的？

14	7	2	11
1	12	13	8
15	6	3	10
4	9	16	5

可以加總到何種程度？令人驚豔的魔方陣

接著要介紹的是「4×4」的魔方陣。

這次的垂直、水平、傾斜方向的總和為「34」。因為有點難，所以在下一頁全部呈現給大家看。

不僅如此，還有很多可以加總為「34」的部分。能提供這種無盡樂趣正是魔方陣的特徵。

乍看之下，大家會覺得上圖跟之前的魔方圖沒什麼兩樣，但其實除了先前介紹的傾斜方向之外，在57頁介紹的傾斜方向的總和也全部一樣。這種魔方陣就稱為「完美魔方陣」。

◆「4 × 4」魔方陣的
水平方向總和

16	3	2	13
5	10	11	8
9	6	7	12
4	15	14	1

16+3+2+13=34
5+10+11+8=34
9+6+7+12=34
4+15+14+1=34

◆「4 × 4」魔方陣的
垂直方向總和

16	3	2	13
5	10	11	8
9	6	7	12
4	15	14	1

13+8+12+1=34
2+11+7+14=34
3+10+6+15=34
16+5+9+4=34

◆「4 × 4」魔方陣的
斜向總和

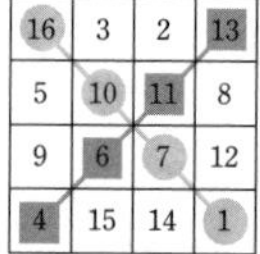

16+10+7+1=34
13+11+6+4=34

◆「4 × 4」魔方陣之中的
「2 × 2」區塊總和

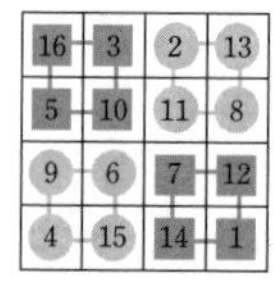

16+3+5+10=34
2+13+11+8=34
9+6+4+15=34
7+12+14+1=34

◆「4 × 4」魔方陣還有很多喲！
加總為34的方法

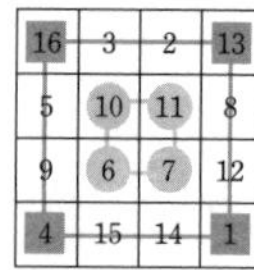

16+13+4+1=34
10+11+6+7=34

16	3	2	13
5	10	11	8
9	6	7	12
4	15	14	1

3+2+15+14=34
5+8+9+12=34

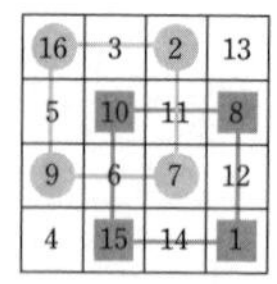

16+2+9+7=34
10+8+15+1=34

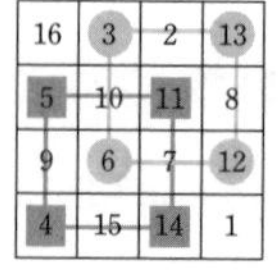

3+13+6+12=34
5+11+4+14=34

◆「完美魔方陣」也可以如下列的方式加總！

14	7	2	11
1	12	13	8
15	6	3	10
4	9	16	5

14＋12＋3＋5＝34
11＋13＋6＋4＝34

14	7	2	11
1	12	13	8
15	6	3	10
4	9	16	5

1＋7＋16＋10＝34
2＋8＋15＋9＝34

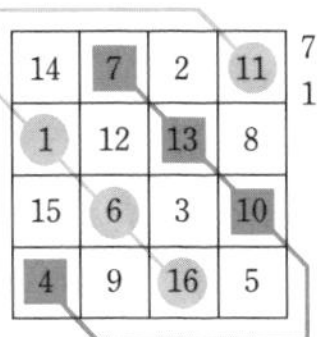

7＋13＋10＋4＝34
16＋6＋1＋11＝34

14	7	2	11
1	12	13	8
15	6	3	10
4	9	16	5

2＋12＋15＋5＝34
9＋3＋8＋14＝34

14	7	2	11
1	12	13	8
15	6	3	10
4	9	16	5

14＋2＋15＋3＝34
12＋8＋9＋5＝34

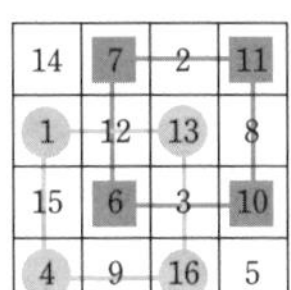

7＋11＋6＋10＝34
1＋13＋4＋16＝34

14＋7＋1＋12＝34
15＋6＋4＋9＝34
2＋11＋13＋8＝34
3＋10＋16＋5＝34

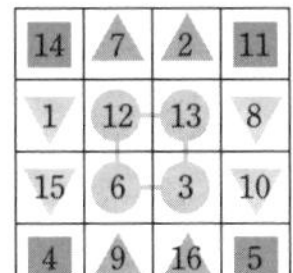

14＋11＋4＋5＝34
12＋13＋6＋3＝34
7＋2＋9＋16＝34
1＋8＋15＋10＝34

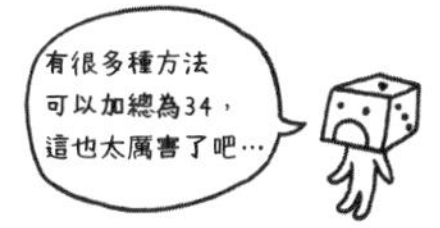

◆一起完成魔圓陣吧！

「答案」

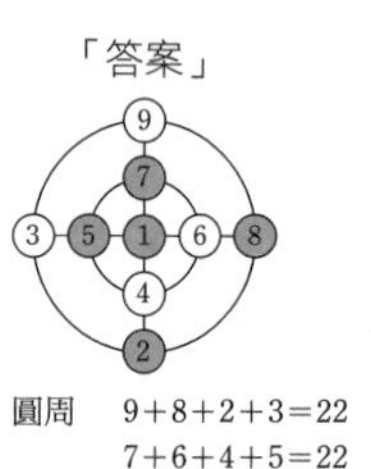

圓周　9＋8＋2＋3＝22

　　　7＋6＋4＋5＝22

直徑　9＋7＋1＋4＋2＝23

　　　3＋5＋1＋6＋8＝23

「問題」該在○填入哪些數字呢？

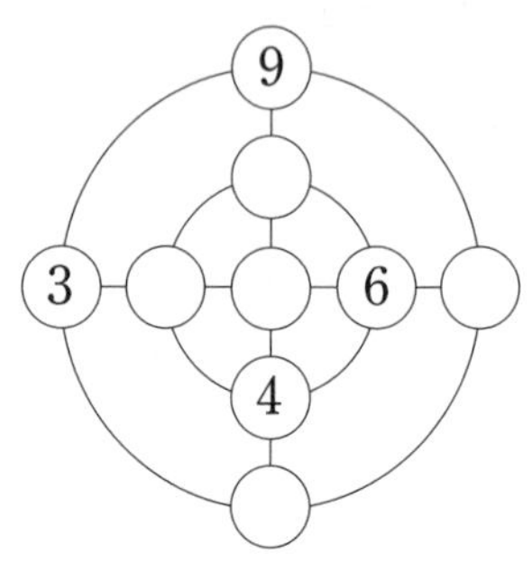

魔方陣也可以是圓形或六角形！

此外，圓形的魔方陣又稱為魔圓陣。

所謂的魔圓陣就是在圓周與直徑交錯的部分填入數字的圖形。將「1」配置在正中央之後，位於「圓周」的數字總和會相等，位於「直徑」的數字總和也相等。請試著填入「1、2、5、7、8」的數字，完成上圖的魔圓陣吧。

接下來為大家揭曉答案。

第一步先在正中央配置「1」，接著再依序組合小的數字與大的數字。換言之，剩下的步驟就只剩配置「2與9」、「3與

◆魔六角陣

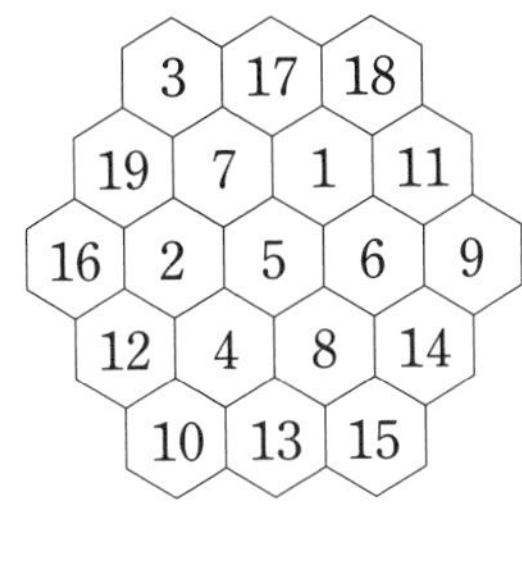

10 + 4 + 5 + 1 + 18 = 38
3 + 17 + 18 = 38
19 + 7 + 1 + 11 = 38
16 + 2 + 5 + 6 + 9 = 38
12 + 4 + 8 + 14 = 38
10 + 13 + 15 = 38
3 + 7 + 5 + 8 + 15 = 38

◆魔六角陣各種變化

14 33 30 34
39 6 24 20 22
37 13 11 8 25 17
21 23 7 9 3 10 38
36 4 5 12 28 26
35 16 18 27 15
19 31 29 32

總和 111

68 91 107 123 80 74 92
103 125 71 81 69 70 55 61
41 21 44 83 115 96 24 117 94
109 38 95 35 12 63 18 67 84 114
89 82 124 25 42 5 23 43 49 56 97
119 105 6 27 76 3 19 4 47 86 64 79
106 57 78 20 34 9 30 29 14 17 58 85 98
116 48 36 22 33 8 2 13 65 90 102 100
62 128 51 122 45 26 15 39 37 11 99
77 59 7 52 88 28 40 53 110 121
75 66 31 46 101 60 113 127 16
87 126 120 72 54 73 10 93
112 32 118 104 50 111 108

總和 635

41 51 63 45 44
64 25 40 46 35 34
23 20 10 56 27 42 66
55 38 19 9 6 22 48 47
61 58 18 11 8 7 13 15 53
52 37 14 16 30 12 24 59
57 32 29 21 17 39 49
31 36 62 28 54 33
43 26 60 65 50

總和 244

8」、「4與7」、「5與6」這些數字的組合。如此一來，會得到圓周的總和為「22」，直徑的總和為「23」的結果。

此外，也有六角形的魔六角陣。請大家看看前一頁的上圖。「魔六角陣」的左斜、右斜與水平方向的數字總和都相等。

接著請將注意力轉回前一頁的下圖。

魔六角陣還有這麼多種。如果是這麼大的魔六角陣，光是計算總和與確認就得耗費不少時間了。

占星師將魔方陣視為護身符

十六世紀的西洋占星師信奉猶太教神祕主義之一的卡巴拉命理術。命理術是將出生年月日、姓名以及其他資料轉換成數字，再利用特殊的公式計算這些數字的占卜術，這些占星師會將下一頁圖中的「行星或衛星」取代成數字（例如土星為15，火星為65），再根據這些數字製作魔方陣，然後將魔方陣刻在徽章上，當作護身符隨身配戴。

雖然現代已不需要這些魔法，魔方陣還是蘊藏著莫名的神祕感，所以我們也不難了解當時那些被數字的神祕感吸引的人，將魔方陣視為護身符的心情了。

◆占星師的魔方陣

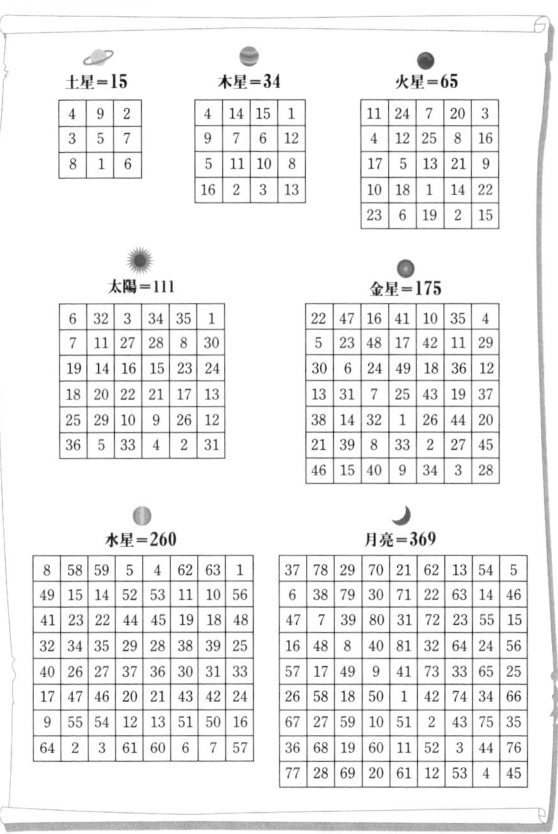

土星=15

4	9	2
3	5	7
8	1	6

木星=34

4	14	15	1
9	7	6	12
5	11	10	8
16	2	3	13

火星=65

11	24	7	20	3
4	12	25	8	16
17	5	13	21	9
10	18	1	14	22
23	6	19	2	15

太陽=111

6	32	3	34	35	1
7	11	27	28	8	30
19	14	16	15	23	24
18	20	22	21	17	13
25	29	10	9	26	12
36	5	33	4	2	31

金星=175

22	47	16	41	10	35	4
5	23	48	17	42	11	29
30	6	24	49	18	36	12
13	31	7	25	43	19	37
38	14	32	1	26	44	20
21	39	8	33	2	27	45
46	15	40	9	34	3	28

水星=260

8	58	59	5	4	62	63	1
49	15	14	52	53	11	10	56
41	23	22	44	45	19	18	48
32	34	35	29	28	38	39	25
40	26	27	37	36	30	31	33
17	47	46	20	21	43	42	24
9	55	54	12	13	51	50	16
64	2	3	61	60	6	7	57

月亮=369

37	78	29	70	21	62	13	54	5
6	38	79	30	71	22	63	14	46
47	7	39	80	31	72	23	55	15
16	48	8	40	81	32	64	24	56
57	17	49	9	41	73	33	65	25
26	58	18	50	1	42	74	34	66
67	27	59	10	51	2	43	75	35
36	68	19	60	11	52	3	44	76
77	28	69	20	61	12	53	4	45

正方形可利用正方形填滿？

關於「盧金的問題」這個謎團

在「魔方陣（Magic Square）」之後，要為大家介紹另一個不可思議的題目，那就是「從正方形切割而來的正方形」（Squared Square）。話不多說，直接提出問題問問大家。

> **Q. 有辦法利用不同大小的正方形在不重複的情況下，填滿另一個正方形嗎？**

這道被稱為「盧金的問題」的題目闡述了正方形有多麼美麗，以及多麼難解。

接下來要帶著大家踏上回溯「正方形分割」的歷史，但在解說之前，大家光看本書介紹的圖案，應該就能感受到這些圖案的魅力。

某位女性的寶物

亨利・杜德尼（1857～1930）於1902年出版的《坎特伯

雷謎題》中介紹了114個謎題，而第40道謎題是「伊莎貝爾夫人的珠寶盒」（Lady Isabel's Casket）。

伊莎貝爾夫人的寶物是利用木頭精心製作的珠寶盒」。

珠寶盒的形狀為正方形，珠寶盒裡面的空間也分割成正方形。不過，這道題目有個制約條件，那就是「這個珠寶盒之中，放了黃金細片（10英吋×1/4英吋）」。

而題目要問的是，這個珠寶盒到底長什麼樣子。

接著讓我們一起看看解答。

答案就是下一頁的圖。邊長為20英吋的正方形的內部被許多不同大小的正方形切割。

而且可以看到正中央有一個10英吋×1/4英吋的長方形。

杜德尼認為這道題目是因為有「黃金細片」這個「制約條件」才得以解決，如果沒有這個制約條件，無法以不同大小的正方形在不重複的情況下，填滿另一個正方形。

「真的沒辦法利用不同大小的正方形在不重複的情況下填滿另一個正方形嗎？」

◆「伊莎貝爾夫人的珠寶盒」

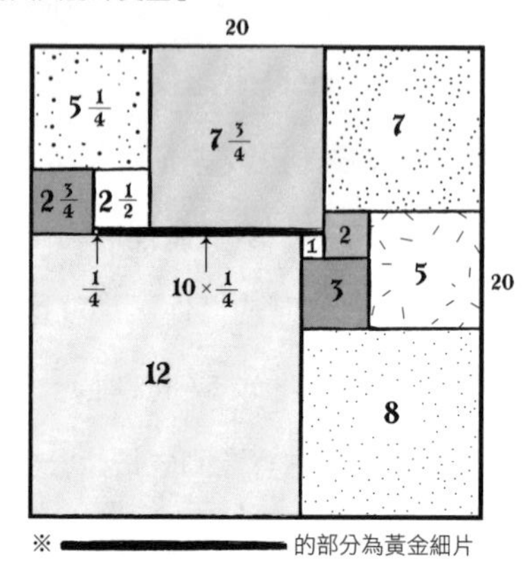

許多人曾經試著解開這道題目。

1903年，德國的馬克思・德恩（1878～1952）證實了下列的定理。

「長方形的邊長比例為有理數，是該長方形分割為正方形的必要條件。」

不過，德恩並未意會到這項定理會是解決上述題目的重大突破。

到了1907年，美國的森姆・萊特（1841～1911）發現了下列的正方形分割方式。請大家先看看下一頁的上圖。

從這張圖可以發現，圖中仍有「相同大小的正方形」，所以還算是「不完美」的正方形分割正方形。

接著在1925年，波蘭的史彼格紐・莫隆（1904～1971）發表了下一頁下圖的「正方形分割」。

這代表找到「完美正方形分割」了嗎？

「莫隆的正方形分割」的九個正方形的確大小各有不同，但是這個正方形的長是「32」，寬是「33」，所以這只能算是「完美的正方形分割『長方形』」。

在這個正方形分割的領域裡，有一位非常有名的日本人，他就是被暱稱為「Abe」的安部道雄。

他在連正方形的「完全正方形分割」是否能夠實現都不知道的1931年，就進行了一項值得關注的研究。

那就是長方形的正方形分割需要「九個正方形」，以及有能以正方形填滿，且接近正方形的長方形存在。

到了1938年，德國的斯普拉格（1894～1967）發現了「複合」完美正方形分割正方形。這是邊長為4205的正方形，而且能以55個不同大小的正方形填滿。

◆萊特的「不完美」正方形分割正方形
（圖中有相同大小的正方形）

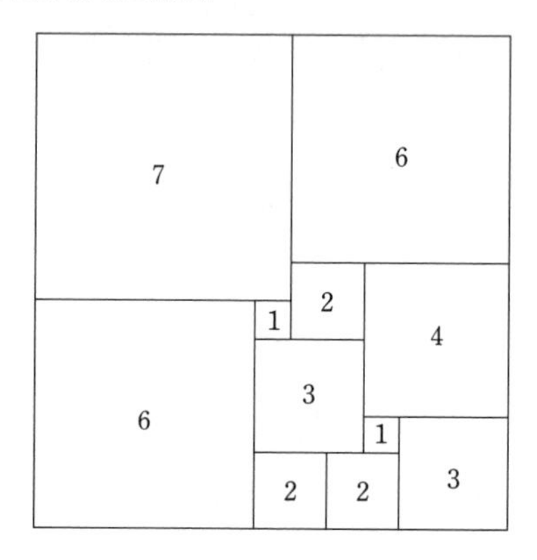

◆莫隆的「完美正方形分割『長方形』」

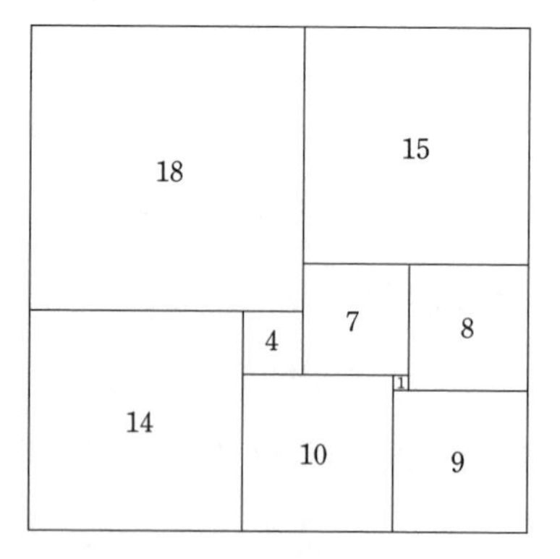

◆斯普拉格的「複合」完美正方形分割正方形
（55個，邊長4205）

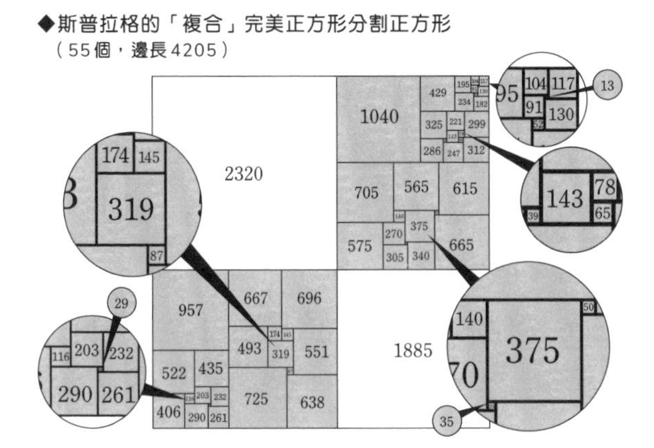

斯普拉格的這項發現可說是成功發現「以不同大小的正方形填滿正方形」的首例，本該是非常值得記念的創舉。

不過，在這個例子之中，最後還是被人找到有兩個大的長方形，所以只能說是「複合」完美正方形分割正方形。

杜德尼在「坎特伯雷謎題」提出的「制約條件」至今還未被破解。離正確答案僅一步之遙。

最終總算找到真正的完美正方形分割正方形！

到了1939年之後，破解這項「制約條件」的「單純完美正方形分割正方形」總算由劍橋大學的羅納多・布魯克斯發現。請大家先看看下一頁的圖。可以發現邊長為「4920」的正方形被「38個」正方形填滿。

這個正方形裡面沒有斯普拉格的那種「長方形」，所以被稱為「單純完美正方形分割正方形（Simple Perfect Squared Square）。

在這個正方形發表之後，這種「單純完美正方形分割正方形」就如雨後春筍般陸續出現。

這項偉大的創舉是由布魯克斯以及其他三位劍橋大學學生一起實現的。

這四位學生分別是布魯克斯、塞德里克・史密斯、亞瑟・史東、威廉・圖特。他們研究了1903年德恩的結果，找出了以電路解決問題這種劃時代的解題方式，也就是說，這四位優秀的大學生想到在正方形施展「電力」這項魔法的解題方式。

這項「魔法」讓之前被視為無解的「正方形之謎」雲霧頓開。從71頁的圖可以發現，他們找到的「單純完美正方形分

◆布魯克斯提出的單純完美正方形分割正方形
（38個、邊長為4920）

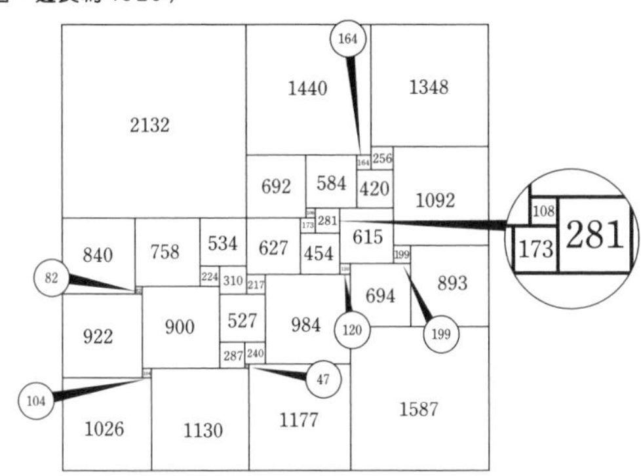

割正方形」為邊長「5468」的正方形，可用「55個」正方形填滿。

當研究進展至這一步之後，剩下的問題就是找出「最小的單純完美正方形分割正方形」。

他們透過電路解題法找到了71頁下圖的「26個正方形的答案」。

到了1978年，荷蘭的杜伊培斯奇津（1927～1998）發現了72頁的「21個正方形的答案」，也證明了這就是最小的單純完美正方形分割正方形」。

◆成功破解難題的四位劍橋大學學生

羅納多・布魯克斯

塞德里克・史密斯

亞瑟・史東

威廉・圖特

如此一來，於1902年提出的「正方形分割正方形問題」在歷經七十年以上的漫長歲月，總算得出答案。

杜德尼在《坎特伯雷謎題》的問題最後寫下了「這是難以透過puzzle（謎題）、problem（問題）、enigma（謎）描述難度的『riddle』」。「riddle」的意思是難題、難解之謎的意思。是的，正方形分割正方形就如杜德尼所形容的，曾是難解之謎。

「魔方陣（Magic Square）」與「正方形分割正方形（Squared Square）」。那些對正方形深深著迷的人留下了令人

◆「四人組」提出的單純完美正方形分割正方形
（55個，邊長為5468）

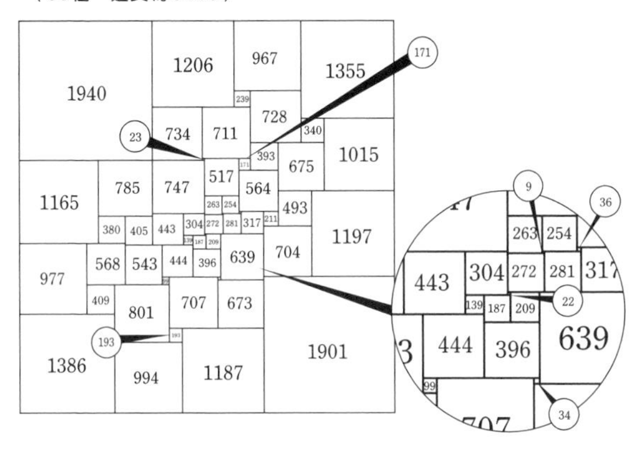

◆同樣由「四人組」提出的「複合」完美正方形分割正方形
（26個，邊長為608）

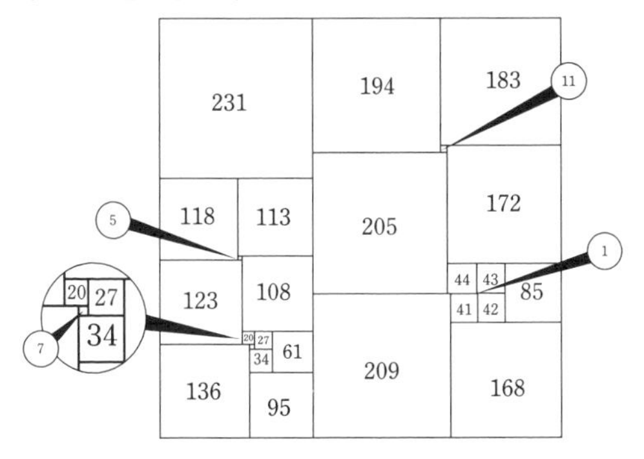

◆杜伊培斯奇津提出的「最小」單純完美正方形分割正方形
（21個，邊長為112）

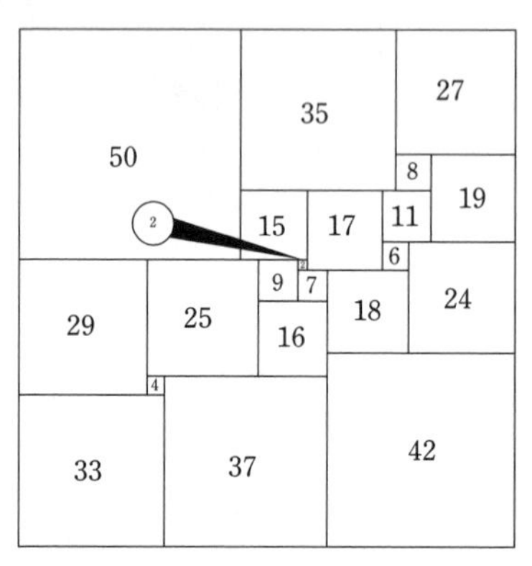

讚賞的正方形。

一開始明明只是很單純的遊戲，卻不知不覺演變成數學難題。

藏在最後定理之中的神祕正方形

看到全世界的業餘數學家與專業數學家為了「正方形分割正方形」陷入狂熱的模樣，讓我想到了費馬的最後定理。有趣的是，費馬在其最後定理之中，第一個注意到的形狀就是直角等

◆畢達哥拉斯定理與費馬的最後定理

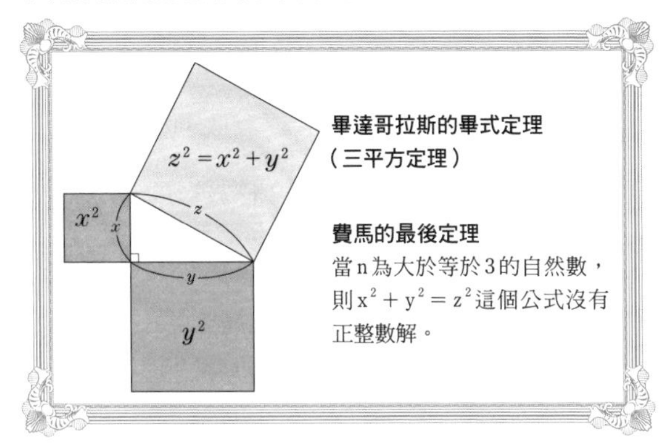

腰三角形周圍的正方形。

有一股力量正帶領著我們進入深奧的數學世界。

那也許就是充滿魔力的正方形。

「正方形分割魔方陣」

最後要介紹魔方陣界的超人。

杜伊培斯奇津提出的「最小單純完美正方形分割正方形」是「112×112」的正方形，總共可由「21個」正方形填滿。有一位人物因為這個正方形而聯想到魔方陣。

他就是另一位「Abe」，同樣被譽為「超人」的阿部樂方。他的本職是漆器師傅。

阿部根據這個能分割成「21個」正方形的正方形（魔方陣），打造了一個規模為「224×224＝50176」的超大型魔方陣，也被金氏記錄列為全世界最大的魔方陣。可惜的是，礙於版面，本書無法收錄這個魔方陣。

阿部在打造這個超大型魔方陣之前，曾做過幾萬個魔方陣。在此為大家介紹他送給朋友當結婚禮物的魔方陣，也就是「嵌入生日的郵票陣（幸福的六角形）」。在這個魔方陣之中，有十二種日本與外國的郵票，不管是沿著哪個箭頭加總四張郵票的面額，都會得到相同的結果。這就是透過魔方陣將幸福獻給新人的意思，而這個魔方陣也讓解題的人覺得非常溫馨。

令人驚訝的是，阿部只憑筆記本與鉛筆就能製作魔方陣，完全不需要使用電子計算機。一想到日本也有這種業餘的數學家，就讓人覺得十分欣慰。

◆嵌入生日的郵票陣（幸福的六角形）

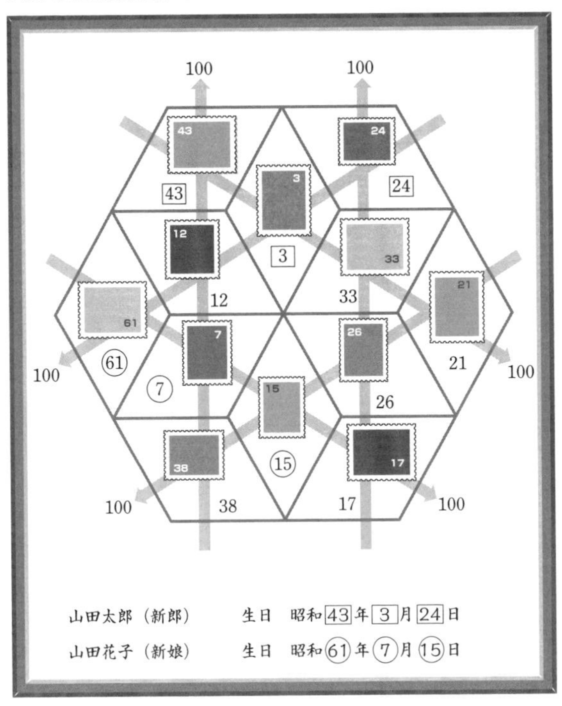

閏年的祕密

如果用數學分析閏年，會發生什麼事呢？

每四年會有一次二月二十九日。

眾所周知，有二月二十九日的那年稱為閏年。

為什麼會出現閏年呢？接下來我們將利用數學找出藏在月曆之中的祕密。

我們都知道，一年約有「365天」。

正確來說，一年有「365.2422天」才對，也就是多了「0.2422天」這不到一天的時間。有些人覺得這一點點的誤差沒什麼了不起，但如果將這「0.2422天」轉換成「秒」，由於一天有「8萬6400秒」，所以會得到「0.2422×8萬6400秒＝2萬0926.08（秒）」這個答案。

大家聽到「約2萬秒」這個答案，應該會覺得這數字大到難以忽略吧？

如果每年都誤差「約2萬秒」的話，四年就會誤差「8萬秒」。

嚴格來說，是每四年誤差「2萬0926.08×4＝8萬3704.32（秒）」才對。

因此，如果在第四年增加一天，讓那一年變成「366天」的話，就能縮小上述的「誤差」。

為什麼要對這個「誤差」這麼執著呢？

因為一旦忽略這個誤差，地球繞行太陽的周期（時間）與月曆上的日期就會出現落差。明明季節是冬天，但月曆上的日期卻是夏天……要是出現這樣的情況，就會造成混亂。

閏年不是每四年一次！

現行的公曆是稱為「格列高里曆」的陽曆，也就是與地球繞行太陽的周期對應的公曆。

一年之所以是「365.2422日」，是因為這才是地球繞行太陽一週的正確時間（公轉周期）。

其實只憑「將倍數為4的西曆年視為閏年」的規則是無法消除時間的「誤差」的。

所以才有「倍數為100，但不是400的西曆年不視為閏年」的規則。

◆「年」這個單位源自地球與太陽之間的關係

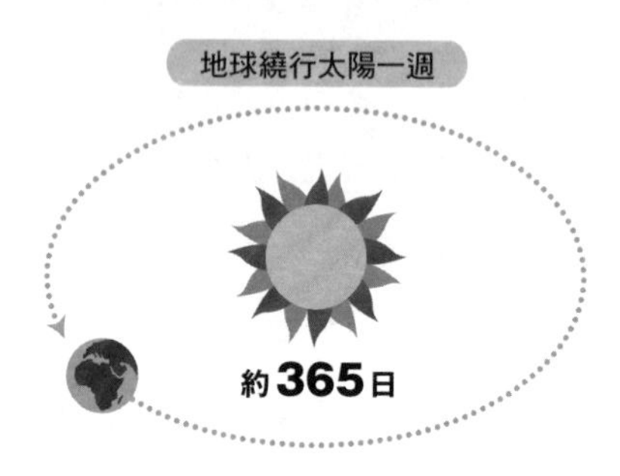

「千禧年問題」是閏年問題？

大家還記得「千禧年問題」嗎？這個問題在一九九九年登上了新聞頭版頭條。在當時，電腦的時間並非「四位數」的西元年，而是只有「後兩位數」，所以出現了「西元2000年」變成「西元1900年」的隱憂。

在當時，許多人都擔心這個問題會引發停電、經濟混亂、飛彈誤射以及其他的問題，因而議論紛紛。除了上述這些眾所周知的問題之外，「千禧年問題」還有程式誤差這個問題。

◆閏年判斷程式

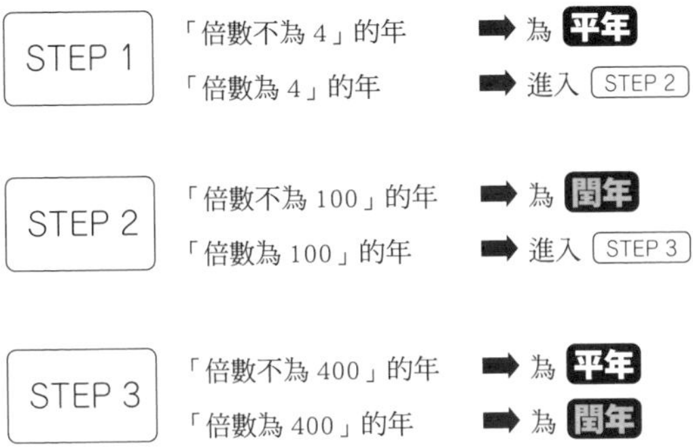

STEP 1	「倍數不為 4」的年	➡ 為 **平年**
	「倍數為 4」的年	➡ 進入 STEP 2
STEP 2	「倍數不為 100」的年	➡ 為 **閏年**
	「倍數為 100」的年	➡ 進入 STEP 3
STEP 3	「倍數不為 400」的年	➡ 為 **平年**
	「倍數為 400」的年	➡ 為 **閏年**

這個問題主要就是閏年的判斷。

將「倍數為100，但不為400的西元年不視為閏年」這項規則寫成程式，就會得到上方圖說的結果。

讓我們試著實際計算看看吧。

以2011年為例，在經過 STEP1 的計算之後，可以得到2011年不是倍數為4的年，所以是平年。

接著若以2012年為例，在經過 STEP1 的計算之後，可以知道「2012」為「4的倍數」，所以進入 STEP2 ，接著在經過 STEP2 的計算，知道「2012」並非「100的倍數」，所以2012年為閏年。

那麼，2000年的情況又如何呢？在經過 STEP1 的計算之後，「2000」年為「4的倍數」，所以進入 STEP2 的計算，結果又發現「2000」年為「100」的倍數，所以進入 STEP3 的計算，最後又發現「2000」年為「400的倍數」所以2000年為閏年。

不過，當時有些程式未內建STEP 3這種判斷閏年的機制，所以會在 STEP2 的時候，將「2000」誤判為平年，而這就是另一個「千禧年問題」。

換句話說，「2000年」為閏年，「2100年」、「2200年」、「2300年」為平年，「2400年」為閏年。

讓我們一起計算看看，在這個規則之下的曆法到底有多麼正確吧。

假設「倍數為4」的西元年全部都是閏年，那麼從「西元元年」到「西元400年」總共會出現100次閏年。

若有剛剛提到的 STEP2 與 STEP3 的規則，「西元100

◆這樣就糟了！
沒有STEP 3的閏年判斷機制的程式（缺陷）

STEP 1	「倍數不為4」的年	➡為 **平年**
	「倍數為4」的年	➡進入 STEP 2
STEP 2	「倍數不為100」的年	➡為 **閏年**
	「倍數為100」的年	➡為 **平年**

年」、「西元200年」、「西元300年」是平年，只有「西元400年」會是閏年，所以總計只會出現97次「閏年」。

接著讓我們計算看看，400年實際上到底有幾天。

既然「366天」的閏年有97次，「365天」的平年就是剩下的303次，所以400年總共會有「366×97＋365×303＝146097（天）」。

如此一來，一年的平均天數為「146097÷400＝365.2425（天）」，每一年的誤差只有「365.2425－

◆**準確度高到令人驚訝的格列高里曆！**

規則 1　「倍數為 4」的西元年就是 **閏年**

規則 2　「倍數為 100，但不為 400」的年為 **平年**

「倍數為 100 與 400」的年為 **閏年**

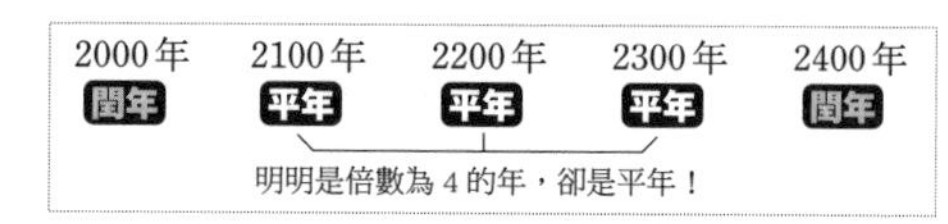

每 3300 年只誤差 1 年！

365.2422＝0.003（天）」。

若是將這個誤差乘上3300，可以得到「0.003×3300＝0.99」

換言之，每3300年只會誤差一天左右。

由此可知，現行的「格列高里曆」每3300年只會誤差一天，是超級精準的公曆。

增加1秒的「閏秒」

說到底，時間的基準就是太陽與地球在宇宙的運行方式，而我們則是為了正確地解釋這個運行方式才創造了曆法。

在科學不斷進步之後，現在的我們已經能精準地測量地球的自轉速度。

也因此能算出所謂的「閏秒」。

目前已經開發出「3000萬年只誤差1秒」的「原子鐘」，而且也是以這個原子鐘計算地球的時間，而地球的自轉速度有時快，有時慢，所以需要修正原子鐘的時間與地球自轉速度之間的誤差，也才需要所謂的閏秒。目前的做法是「每24小時」加「1秒」或是減「1秒」。

閏秒會在「23時59分59秒」的「1秒」之後出現，也就是平常不會看到的「23時59分60秒」。

比平常多一秒的一天。總覺得這有點不可思議。

仔細一想就會發現，「秒」這個時間單位是以「地球自轉時間（8萬6400秒）」為基準。

由於地球自轉的速度會忽快忽慢，所以才將「地球繞行太陽一週（1年＝3155萬6925.9747秒）」做為「秒」這個時間單位的基準。

由於人類想追求更精準的時間，所以才開發出「原子鐘」這種精確無比的時鐘。原子釋放（或吸收）的光線顏色（波長）非常穩定，而原子鐘就是利用這種性質打造。利用銫原子打造的銫原子鐘精準到令人難以想像，每1億年僅誤差1秒而已。

在原子鐘問世之後，人類開始能精準地測量地球的自轉速度，也才會出現閏秒這項修正機制。

「秒」這個單位源自地球的自轉，最終又回到原點，也就是地球的自轉。今後在地球生活的我們，將一邊注意時間的變化，一邊守護著「時間」。

或許在某一天，我們會突然遇見前所未有，卻又無比正確的新「時間」。

億為什麼是「億」？

數詞從何而來？

Q.　億為什麼稱作「億」？

一、十、百、千、萬、億、兆、京……。

雖然這些數詞讀起來就像是順口溜一般輕鬆，但為什麼會使用這些數詞計算個數呢？

若是回溯數詞的源由，就會發現數字在每個時代的詮釋各有不同。故事是這樣的。

很久以前，數字只有一與二，三則是多於一與二的「多數」，所以當時的日本人在數數的時候，會數成一（ichi）、二（ni）、很多（takusan），而takusan的san就是「三」的意思。一說認為，日文的三之所以可讀成「mittu」，是因為「mittu」這個發音與到達一定的基準或數量的「滿盈」（満つ）類似。

在「億」或「兆」這種極大的數字普及之前，人類的生活之中只會用到很小的數字。

除了三之外，還有四、八、百、千、萬這些數詞。

這些數詞都是代表「全部」的意思，而且直到現在都還在使用。

比方說，四海（社會、全世界）、四方（各處）。

三頭六臂（在各方面都很活躍）、八面玲瓏（不管是什麼事情，都能圓融應對）、八紘一字（全世界都是一家人）、八百八町（江戶的所有町鎮）。

其他還有百科全書、退一百步來說、百貨公司。

千里眼、千言萬語、千變萬化、千頭萬緒。

萬葉集、萬年筆（鋼筆），還有許多類似的例子。

接下來要請大家解個謎。

Q. 為什麼八百八町＝八十八粁

日文的「八百八町」是指江戶時代有許多「町」的意思，而

「町」是日本在加入「米制公約」之前使用的長度單位。

「一町約等於109.09公尺，所以「八百八町＝808町＝808×約109.09公尺＝約8萬8144.72公尺＝約88公里」。

明治時代的「公尺」寫成「米」，而「1公里」為「1000（千）公尺」，所以才會將1公里寫成「粁」。

在中國古籍之中出現的單位

一如175頁的「源自大地的單位」所介紹的，日文之中有「一、十、百、千、萬、億、京、垓、秭、穰、溝、澗、正、載、極、恆河沙、阿僧祇、那由他、不可思議、無量大數」這些單位。請大家將注意力放在「載」這個單位。

在日文之中，有個成語叫「千載一遇」，意思是「千年難得一遇」，但令人意外的是，「千載一遇」的「載」居然是代表「10的44次方」的單位。在中國古籍《孫子算經》之中，這個「載」是最大的單位。

數字大到大地「難以承載」──這就是「載」的意思。

此外，「極」則有「數字的極限（難以超越之處）」的意思。

至於「恆河沙」則是數字大到有如「恆河」的「沙子」那麼

◆以日本漢字寫出單位的話……

公釐（mm）	➡	**粍**	（一毛＝1000 分之 1）
公分（cm）	➡	**糎**	（一厘＝100 分之 1）
公寸（dm）	➡	**粉**	（一分＝10 分之 1）
公丈（dam）	➡	**籵**	（deca ＝ 10 倍）
公引（hm）	➡	**粨**	（hecto ＝ 100 倍）
公里（km）	➡	**粁**	（kilo ＝ 1000 倍）

多的意思。

「阿僧祇」、「那由他」、「不可思議」以及最後的「無量大數」的「無量」則是源自佛典《華嚴經》。

《華嚴經》將「10^7」制定為「俱胝」這個單位，而「1俱胝×1俱胝＝1阿庾多（10^{14}）」，「1阿庾多×1阿庾多＝1那由他（10^{28}）」，不斷地為了更大的數制定單位。

也有指數部分的單位，也就是「1」之後的「0」的個數呈指數函數增加的單位。相較於《華嚴經》的「不可說不可說

◆於《華嚴經》出現的數字單位（摘錄）

0	$10^{7\times 2^0}=10^7$	俱胝
1	$10^{(7\times 2)}=10^{14}$	阿庾多
2	$10^{(7\times 2^2)}=10^{28}$	那由他
n	$10^{(7\times 2^n)}$	
103	$10^{(7\times 2^{103})}=10^{70988433612780846483815379501056}$	阿僧祇
105	$10^{(7\times 2^{105})}=10^{283953734451123385935261518004224}$	無量
111	$10^{(7\times 2^{111})}=10^{18173039004871896699856737152270336}$	不可數
115	$10^{(7\times 2^{115})}=10^{290768624077950347197707794436325376}$	不可思
117	$10^{(7\times 2^{117})}=10^{1163074496311801388790831177745301504}$	不可量
119	$10^{(7\times 2^{119})}=10^{4652297985247205555163324710981206016}$	不可說
121	$10^{(7\times 2^{121})}=10^{18609191940988822220653298843924824064}$	不可說不可說
122	$10^{(7\times 2^{122})}=10^{37218383881977644441306597687849648128}$	不可說不可說轉

轉」，「無量大數」顯得十分渺小。

一說認為，「溝」與「澗」是部首為三點水的單位，所以代表的是「水量」，而「秭」與「穰」則是與穀物有關的單位，主要是說明「顆粒的數量」，至於「兆」、「京」、「垓」則是代表都市的「人口」。

接著讓我們一起了解極小的單位。請大家看看下一頁的表格。

這些單位幾乎都是來自佛教經典的詞彙。在十六世紀的中國典籍《算法統宗》之中，最小的單位只到「塵」，之後的單位則是「有名無實」，換言之是「即使存在，卻沒有機會使用」的單位。

不過隨著科技的進步，現在已進入「n」（奈米），也就是「塵」的時代。最尖端的技術甚至已經進入遠遠小於「埃」、「渺」、「漠」的世界。

想像力是我們人類最大的武器。

人只有實際看到極大或極小的數字，也就是難以處理的數，才會想到「數」的存在。古印度或古代中國的人一開始面對的是「數」，而不是數字。

◆以國字代表的極小單位

一	1			
分	0.1	1個0		
厘	0.01	2個0		
毛	0.001	3個0	m（公釐）	
系	0.0001	4個0		
忽	0.00001	5個0		傾刻
微	0.000001	6個0	μ（微米）	極少
纖	0.0000001	7個0		很細
沙	0.00000001	8個0		沙子
塵	0.000000001	9個0	n（奈米）	塵土
埃	0.0000000001	10個0		塵埃
渺	0.00000000001	11個0		渺小
漠	0.000000000001	12個0	p（皮可）	不清楚的
模糊	0.0000000000001	13個0		曖昧的
逡巡	0.00000000000001	14個0		傾刻之間
須臾	0.000000000000001	15個0	f（飛母托）	短暫的時間
瞬息	0.0000000000000001	16個0		眨眼吐息的時間
彈指	0.00000000000000001	17個0		極短的時間
剎那	0.000000000000000001	18個0	a（阿托）	時間的最小單位。瞬間
六德	0.0000000000000000001	19個0		人該遵守的六種品德
虛空	0.00000000000000000001	20個0		所有事物的存在空間
清淨	0.000000000000000000001	21個0	z（仄普托）	淨心

日本人則是採用古代中國與古印度的詞彙，打造屬於日語的數詞。

最後來回答開頭提出的謎題。

Q　億為什麼稱作「億」?

A.「億」＝「人」＋「意」＝「人」＋「音（噤口不語）」＋「心」

也就是說，「億」可解釋成「讓人噤口不語，全心思考的極大之數」。

幸運的機率為六比四

人生的真實機率

常言道「人生好壞，各佔一半」。

意思是，若替人生做個結論，往往是「好壞摻半」，但真的是這樣嗎？每個人的人生都不一樣，所以答案應該各有不同。

不過，有個數學題目告訴我們，人生不一定是好壞摻半。這個問題就是「邂逅的問題」。

這道題目是於1708年，由法國的皮埃爾・蒙莫爾（1678～1719）提出。

他讓A與B兩個人各拿A到K這13張撲克牌，接著讓這兩個人每一回合將一張撲克牌擺在桌上，然後再翻牌確認雙方出了什麼牌。

假設雙方出了相同點數的牌，就代表發生了「邂逅」。

那麼，當13張牌都出完，結果「一次邂逅也沒發生的機率」又是多少呢？

此外，如果將撲克牌的張數設定為「n張」，機率又是多少呢？

尤拉的解答

在1740年之際，瑞士數學家李昂哈德・尤拉（1707～1783）成功解開了這道題目。

答案是「一次邂逅都沒發生的機率約為37%」。

不管撲克牌的張數n增加多少，一次邂逅都沒發生的機率都約為37%。這真是令人驚訝的結論。

若要一次解逅都沒發生，A的撲克牌「1」就不能與B的撲克牌「1」配對，A的撲克牌「2」也不能與B的撲克牌「2」配對，所以最終就是計算這種所有撲克牌都沒配對的組合有幾種。

比方說，雙方的撲克牌各有3張，而A的出牌順序為「1、2、3」的話，那麼B的出牌順序只需要是「2、3、1」或是「3、1、2」，就不會發生邂逅。

換言之，B的3張撲克牌的排列方式共有6種，所以一次邂逅都沒發生的機率為「2/6＝1/3」，也就是33%左右。

當撲克牌的張數增加至13張，機率就會上升至37％左右，但是就算撲克牌的張數增加至130張，機率還是約為37％，幾乎不會有任何變動。

反之，至少發生一次邂逅的機率，也就是在13回合之中，雙方出相同點數的撲克牌的次數至少有一次的情況，機率為「1－約0.37＝約0.63」，也就是約為63％。

男女邂逅的機率有多高？

為什麼上述的機率與人生有關？

因為這等於是在思考「人與人之間的邂逅」。

人生就是一連串的邂逅，其中又以找到人生伴侶，也就是男女的邂逅最為重要。讓我們試著將上述的「邂逅問題」套用在男女的邂逅上。

當我們與未曾謀面的異性相遇時，通常會判斷「適不適合與對方交往」這件事。

此時有好幾種幫助判斷的標準。

比方說，身高、年收入、長相、興趣、飲食的喜好，或是其他條件。

如果進一步考慮結婚的事情，就會有更多需要確認的條件。假設預設了這些條件之後，就可以思考是要只與符合所有條件的對象交往，或是與只符合其中一個條件的對象交往。

此時，便可如下套用尤拉的結論。

在遇見的所有對象之中，遇見「不符合任何條件的人」的機率約為37％。

這意思是，遇到「至少符合一個條件的人」的機率約為

63％。

這裡的重點在於「不管設定了多少個條件，上述的機率都不太會變動」。

換言之，與10位異性相親的話，約有6人可以交往，而且不管你的條件多麼嚴苛，或是設定了多少個條件，結果都是一樣。

大家覺得如何？這結果是否似曾相識？我在挑選家電的時候，都會收集一大堆商品型錄，希望從這些型錄之中找到符合最多條件的商品，但最後通常都會放棄選擇，購買最初覺得不錯的商品，也會覺得幹嘛花那麼多時間挑三揀四。

反之，女性偶爾會做出一些在男性眼中看來是衝動性消費的舉動，但很少會後悔。

為什麼女性會這麼快就做出決定呢？我從尤拉的計算結果得到了一大線索。

女性在挑選東西的時候，早就知道不需要設立那麼多條件，而且過去的經驗也告訴她們，哪些是絕對不能妥協的條件。這是因為，就算條件有三個，全部不符合的機率「約33%」，而且就算增加條件，機率也只會上升至「約37%」而已。

人生就是一連串的幸運

除了男女的邂逅與購物之外，我們總是在對眼前的一切進行「篩選」。假設這一切都能以上述「約63%」的機率解釋，那麼「人生真的很值得珍惜」對吧？

換言之，神讓每個人都有「五成以上」的機率遇到幸運，而這真的是來自上天的恩賜。

順帶一提，就算是神，也無法操控上述的機率。根據尤拉掐指一算的結果，假設n為無限大，那麼一次解逅都沒發生的機率就會是「1／e＝1／2.718＝0.367……」，最終依然得出37%左右的結果。

這個「自然常數e（＝2.718…）」正是尤拉發現的。或許也是因為如此，所以這個自然常數才以尤拉（Euler）姓名首字的「e」作為符號。

若要完整說明微積分，就絕對少不了自然常數e這個重要的常數，而至少符合一個條件的機率為「1－1／e＝1－

0.367……＝約為63%」，這個機率也充斥在我們的生活之中。

所以別再說人生好壞摻半。

因為幸運的機率約為63%。

大家應該要告訴自己，人生的幸運與不幸，是六比四才對。

大家知道「＋」（加號）的由來嗎？

到底為什麼是「＋」？

對我們來說，「＋」、「－」、「×」、「÷」是再熟悉不過的符號。

這些都是我們用得很順手的「四則運算」符號，但為什麼加號要長成「＋」這個樣子呢？

在此要為大家介紹藏在這些符號背後的故事。

的故事

1489年，「＋」就已經出現在德國數學家約翰尼斯・維德曼（1460年左右～1498年左右）的著作之中。

但是在這本書裡面，「＋」的意思為「超過」，並非用來運算的符號。

當時的加法是利用拉丁語的「et（英語的and）」計算，所以「3加5」會寫成「3 et 5」。

一說認為「＋」號源自寫得太潦草的「et」的「t」。

據說「＋」是於1514年在荷蘭數學家赫克（Giel Vander Hoecke）的算術書之中首次被當成加號使用。

的故事

「－」與「＋」一樣，都曾在維德曼的著作之中出現，而「－」在書中的意思是「不足」，當時的減法是利用拉丁語的「de」計算，所以「5 de 3」就是「5減3」的意思。「de」是「demptus（排除）」的首字。

那麼「－」這個符號又是從何而來的呢？

其實西歐一帶曾有一段時間是以「plus（加號）」和「minus（減號）」的首字「～p」和「～m」進行「4 ～p 3」（4＋3）或「5 ～m 2」（5－2）這類運算.

所以一說認為，「－」是從「～m」的「～」變形而來。無獨有偶，「－」與「＋」一樣，都是在1514年首次於赫克的書中被當成減號使用。

的故事

英國數學家威廉・奧特雷德（1574～1660）於1631年，首次在知名數學教科書《數學精義》使用「×」這個符號。接著讓我們試著回溯「×」這個符號在奧特雷德使用之前的軌跡。

1600年左右，英國數學家愛德華・賴特（1561～1615）就已經使用英文字母的「X」運算。一般認為，中世紀的交叉相乘法所使用的線是這個「X」的原型。

這位愛德華・賴特是曾經著手翻譯自然對數書籍（拉丁語）而聲名大噪的數學家。

到了十六世紀後，德國數學家彼得魯斯阿皮亞努斯（1495～1552）在其著作設計了方便背誦分數計算的圖表，而在這個圖表之中，有「用線連續的兩個數字需相乘」的規則。一如107頁所示，這是為了讓分數變得更容易學習的規

◆X的語源是交叉相乘？

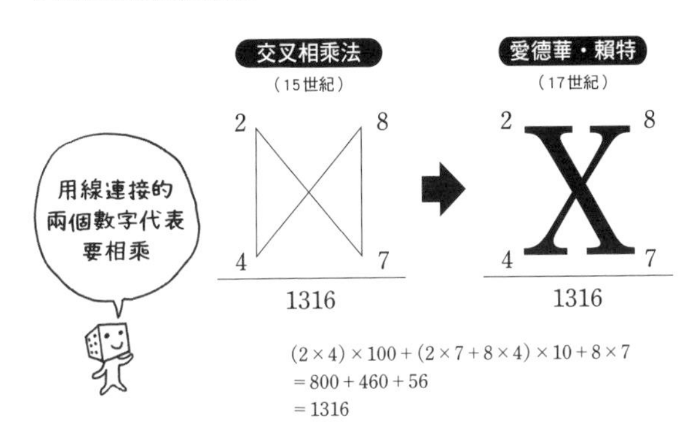

則，因為分數在每次計算時，計算方式都會改變。

話說回來，乘法原本是不需要運算符號的，比方說，「X×Y」這種文字之間的乘法只需要寫成「xy」。

而數字之間的乘法則使用「・」。這個「・」比「×」更早出現，早在十五世紀初期就於義大利使用。

「3・5」就是「3×5」的意思。

既然「數字・數字」這種寫法也看得懂，照理說沒有必要特地創造新的運算符號。

後來「・」就用於乘法，逗號「，」當成小數點的符號使用。

那麼為什麼後來會發明「×」這個運算符號呢？關鍵就在分數。

有趣的是，在分數的四則運算之中「加法（＋）」、「減法（－）」、「除法（÷）」都需要交叉相乘法的「乘法（×）」。

只有分數的「乘法（×）」沒有交叉相乘法。

如此想來，乘法的符號「×」有可能源自分數四則運算的「交叉相乘的叉叉」。

奧特雷德似乎就是因為上述的背景而將「×」當成乘法的符號使用。

不過，英文字母的「X」早就存在，所以許多人可能覺得新符號「×」很容易與英文字母的「X」混淆，所以在當時新符號「×」並未普及。

直到現在，「×」與「・」都還是現行的乘法運算符號，而且在進行文字相乘的運算時，一樣不會使用「符號」。

◆乘法源自分數的四則運算？

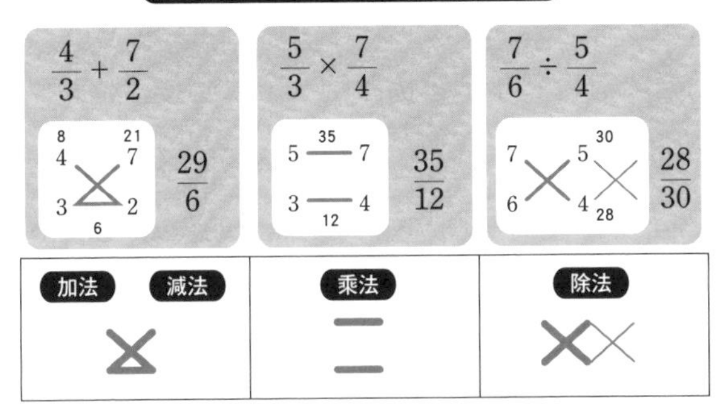

「÷」的起源至今仍不確定。德國數學家亞當・瑞斯（1492～1559）在1522年的著作之中使用了「÷」這個符號，而瑞士數學家約翰・海因里希・雷恩（1622～1676）也於1659年的著作使用「÷」這個符號。

多虧英國數學家約翰・沃利斯（1616～1703）與艾薩克・

牛頓（1642～1727）於17～18世紀使用「÷」，這個符號才得以於英國普及。

反觀德國則是因為哥特佛萊德・萊布尼茲這位數學家將「：」當成除法的符號使用，「：」這個符號才得以在德國普及。萊布尼茲將一個點的「・」當成乘法的符號，並將兩個點的「：」當成除法，比方說「6除以2等於3」會寫成「6：2＝3」。

於是，「×」與「÷」在英國成為主流，而「・」與「：」則在德國成為主流。為什麼這些符號在當時未能統一呢？

原因在於英國的牛頓與德國的萊布尼茲因為微積分而爭論不休。這兩位偉大的數學家以不同的方式發現了「微積分」，而且還將各自的支持者捲入這場爭論。

這導致數學家之間反目成仇，符號也因此未能統一。明明是在介紹符號，但不知不覺扯到人情世故。

與這場爭辯沒有關係的日本所使用的除法符號是「÷」與「：」，但不會使用「6：2＝3」這種表記方法。「：」在日本是比例的符號，讀成「a比b」，所以要說明比例時，會寫成「6：2＝3：1」，而要進行除法運算時，會寫成「6÷2＝3÷1＝3」。

Part Ⅱ

一讀就停不下來的數學

充滿魅力的數學藝廊

公式變身為圖表

應該有不少人還記得在國高中的數學課，練習將函數畫成圖表的情景。

出現在教科書的函數圖表都很無聊，但如果出現在教科書的是接下來介紹的圖表，不知道大家會有什麼想法。

最新的公式處理系統擁有方便操作的介面，還能輸出質感平滑、色彩鮮豔的２Ｄ或３Ｄ圖表，而我最喜歡的公式處理系統就是「Graphing Calculator」這套數學軟體。

雖然沒辦法以全彩的方式介紹，但光是觀察這套軟體輸出的結果，應該就能讓大家看得目不轉睛吧。

如果能連同圖表的設計圖一併瀏覽，或許就會發現那些看似冷硬的公式「居然長得這麼美」，也會覺得這些公式本身就是一種美麗。

◆數學藝廊①

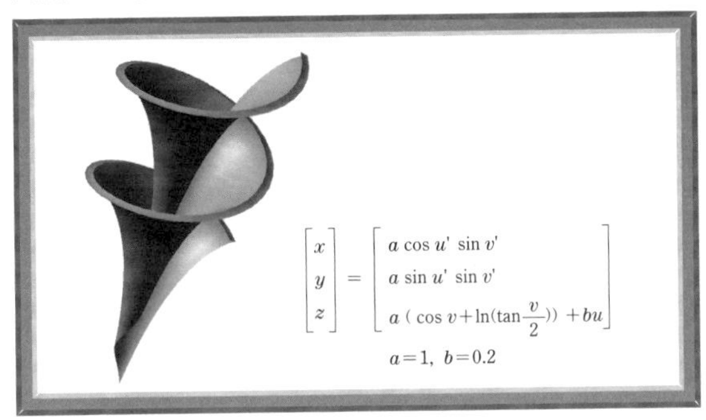

迪尼曲面

歡迎來到數學藝廊

請大家先看看「數學藝廊①」。這是稱為「迪尼曲面」的曲面。接下來會利用一些較為陌生的名詞，試著說明這種曲面的特徵。

能勾勒出「多層擬球面」的曲面就稱為「迪尼曲面」。所謂的「擬球面（pseudo－sphere）」就是「模擬（pseudo）球體（sphere）」的意思。

那麼這個曲面哪裡像球體呢？球體就是圓形旋轉而成的曲

◆數學藝廊②

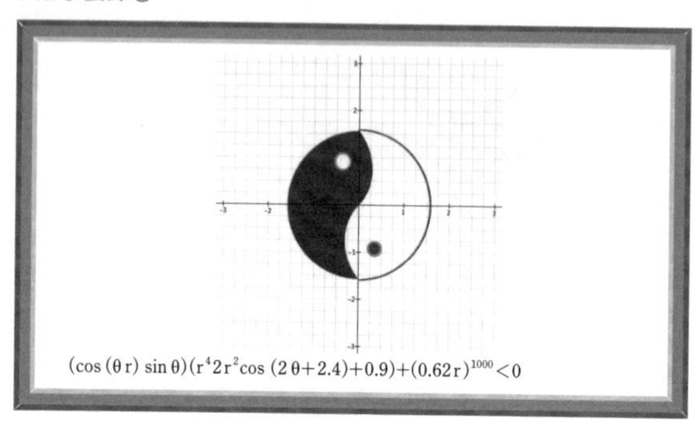

陰陽道的太極圖

面，而擬球面就是曳物線旋轉而成的曲面。

曳物線又稱為追跡曲線，比方說，以長度一定的繩子牽著狗狗走路時，狗狗走過的軌跡就是所謂的曳物線。

接著要請大家看看「數學藝廊②」的圖。這是利用不等式說明太極的圖。仔細觀察公式就會發現，這張圖使用的不是常見的「xy座標」而是「r與θ」的座標。

這種座標稱為「極座標」。以這種座標系統說明點的位置時，會將點與原點的距離設定為「r」，同時將點與原點連成的線以及「x軸」的夾角設定為「θ」。

讓圖表分成左右兩大區塊的是公式（cos（θ−r)−sinθ）＋（0.62r）^{1000}，而太極之中的小圓形則是利用公式（$r^4-2r^2\cos(2\theta+2.4)+0.9$）繪製。由於有「三角函數sinθ」與「cosθ」，所以會畫成曲線。

接下來要陸續介紹117頁之後的「數學藝廊③～⑦」。

「數學藝廊③」這張圖表以立體空間的點說明方程式的解，公式之中有「x、y、z」，所以將滿足這個方程式的「x、y、z」畫成「點（x、y、z)」，就能畫出立體的圖。

話說回來，真的沒想到這個公式能畫出如此出乎意料的圖。這套軟體可利用滑鼠隨心所欲地放大與旋轉這些圖，而我也非常喜歡這張圖表。

若是將公式左邊的三個「π」調整為「2、3、4、5、……」這些數字，就能讓曲面的形狀產生有趣的變化。

「數學藝廊④」則是稱為恩內佩爾曲面的「極小曲面」。所謂的「極小曲面」就是在某種條件之下，面積縮至極小、最小的曲面。

比方說，將鐵絲圍成一個封閉的圓形，再讓肥皂水在這個圓形形成一個膜時，就是所謂的「極小曲面」。目前已知的是，這個肥皂膜的數學比想像中更深奧。比方說，「尤拉－拉格朗日變分方程式」或是「極小曲面微分方程式」就是其中一例。

德國數學家卡爾・魏爾施特拉斯（1815～1897）就曾經研究呈現「極小曲面」的方法。

其中一種方法稱為「魏爾施特拉斯－恩內佩爾曲面」，其結果就是「數學藝廊④」的公式。

「數學藝廊⑤」是由三角函數組成的圖表。公式裡的「n」是螺貝旋轉的圈數，「a」是螺貝的圓形大小」，「b」是螺貝的高，「c」是螺貝內部的圓柱大小。

「數學藝廊⑥」是美國數學家本華・曼德博（1924～2010）提出的「曼德博集合」。平面的部分為複平面。

「曼德博集合」是非常有名的「碎形」。所謂的「碎形」就是圖形的局部與整體相似（自相似）的圖形，比方說，海岸線或樹木的形狀經過放大之後，依舊非常複雜，而這類形狀就稱為碎形。

曼德博在長期研究「朱利亞集合」之後，發現了知名的「曼

◆數學藝廊③

以立體空間的點呈現方程式解

◆數學藝廊④

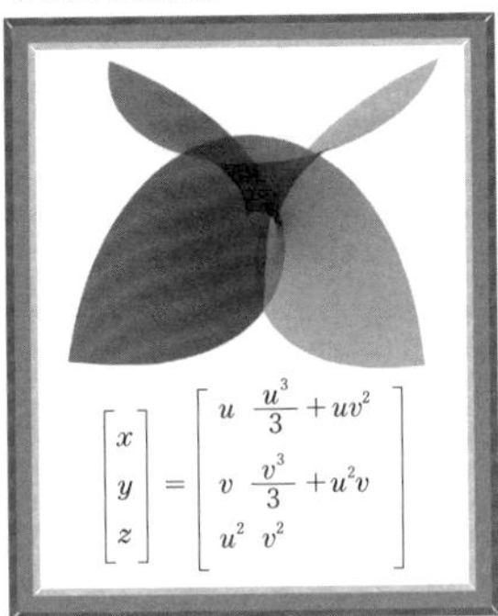

恩內佩爾曲面

◆數學藝廊⑤

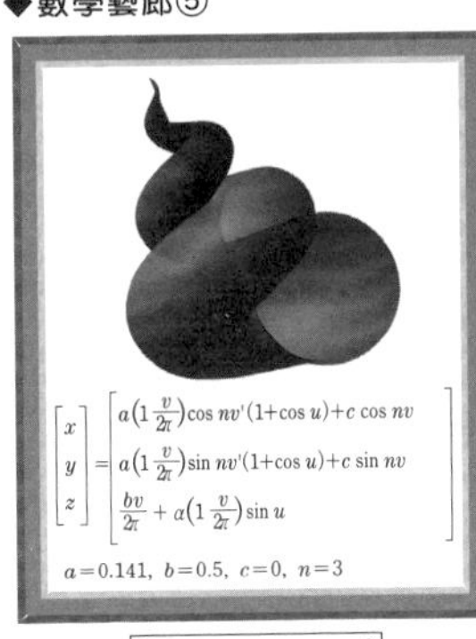

三角函數的組合

◆數學藝廊⑥

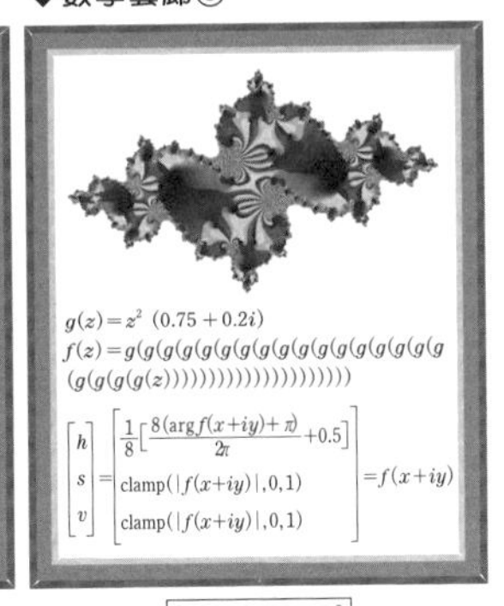

曼德博集合

德博集合」。

提出碎形概念的曼德博透過擅長的數學，進行了航空工學、經濟學、流體力學、資訊理論以及各種方面的研究。於波蘭出生的他擁有法國與美國的國籍，是普林斯頓高等研究所、IBM、西北太平洋國家實驗室的院士，也是於哈佛大學、耶魯大學以及全世界各大學的數學系輾轉進行研究的數理巨匠。

數學藝廊的推薦

其他還有很多如下頁介紹的圖表，這些圖表看起來都很不可思議。

多虧電腦這項二十世紀的一大發明，這些在沒有電腦的時代被發現的公式才能搖身一變，成為如此美麗的圖表。

如果十九世紀之前的數學家從另一個世界眺望那些顯示著自己發明的公式的螢幕畫面，肯定會驚呼連連。

有機會的話，請大家在自己的電腦安裝數學軟體，試著繪製這些公式的圖表，你應該也會為這些圖表的美麗與神奇深深著迷。

◆數學藝廊⑦　其他不可思議的圖表

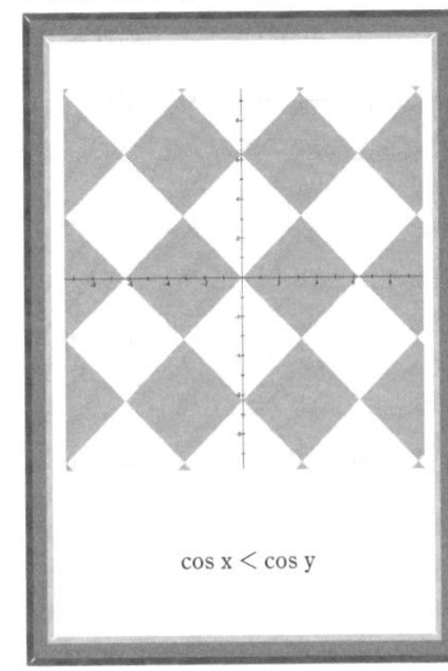

$\cos x < \cos y$

$r = 3 \sin n\varphi \sin 2\theta\, 1$

$n = 3$

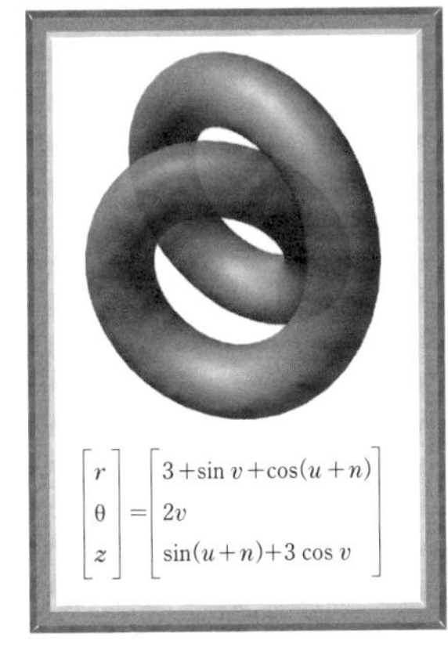

$$\begin{bmatrix} r \\ \theta \\ z \end{bmatrix} = \begin{bmatrix} 3 + \sin v + \cos(u+n) \\ 2v \\ \sin(u+n) + 3\cos v \end{bmatrix}$$

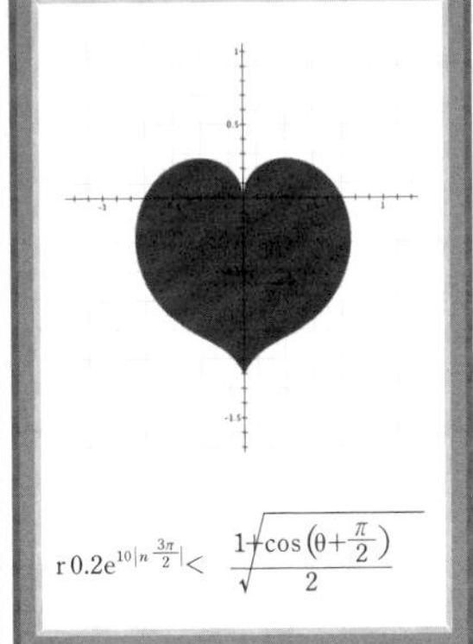

$r\, 0.2e^{10\left|n\, \frac{3\pi}{2}\right|} < \sqrt{\frac{1+\cos\left(\theta + \frac{\pi}{2}\right)}{2}}$

我能用
什麼公式
畫成啊？

小行星探測機「隼鳥號」與質數的冒險

足以與「隼鳥號」相提並論的偉大冒險

二〇二〇年十二月六日，小行星探測機「隼鳥二號」上的膠囊平安回到地球，而在這十年之前，二〇一〇年六月十三日，「隼號一號」在結束了長達六十億公里的宇宙探索之旅之後，成功回到地球。隼鳥號那克服重重困難，穿越大氣層的模樣，讓許多日本人感動不已。

這真的是隼鳥號極具戲劇性的冒險。

另一方面，在數學的世界裡，也有一個與隼鳥號旅程同樣偉大的故事。那就是與「費馬數」有關的冒險旅程，不過這項冒險旅程卻鮮為人知。

在述說這趟冒險旅程之前，請大家先看看下一頁的數字。

◆費馬數Fn

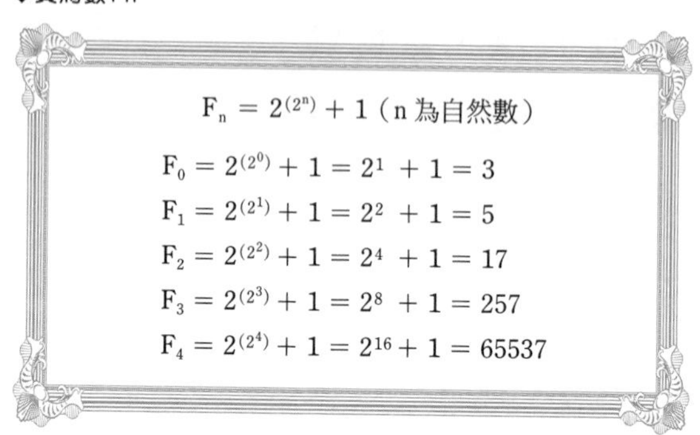

$$F_n = 2^{(2^n)} + 1 \text{（n為自然數）}$$

$$F_0 = 2^{(2^0)} + 1 = 2^1 + 1 = 3$$

$$F_1 = 2^{(2^1)} + 1 = 2^2 + 1 = 5$$

$$F_2 = 2^{(2^2)} + 1 = 2^4 + 1 = 17$$

$$F_3 = 2^{(2^3)} + 1 = 2^8 + 1 = 257$$

$$F_4 = 2^{(2^4)} + 1 = 2^{16} + 1 = 65537$$

4294967297

這是以「$F_n = 2^{2n} + 1$」這個公式說明的費馬數。

找出這個數的真面目的是瑞士數學家李昂哈德・尤拉。

十七世紀，法國數學家皮埃爾・德・費馬（1601～1665）發現了滿足$2^{2n} + 1$的數字具有非常有趣的性質。

從F_0到F_4皆為質數。所謂的質數就是「2」、「3」、「5」、「7」這類除了「1」之外，只有本身是因數（可以除得盡該數的整數）的數。費馬則如上圖預測，「$F_5 = 4294967297$」也

◆費馬的預測

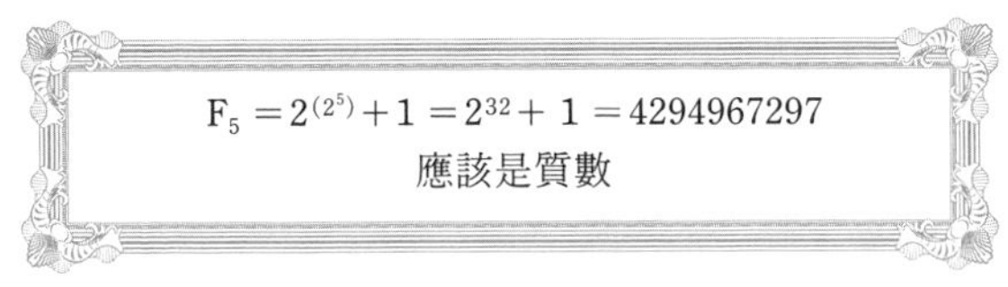

是質數。

不過，要知道這個數是否為某個數的倍數並不容易。

在費馬之後的100年左右，知名數學家尤拉在1732年提出費馬的預測有誤的理論。

換句話說，「4294967297」並非質數，除了1之外，還有「641」與「6700417」這兩個因數，而「641」與「6700417」這兩個因數也都是質數。所以「641×6700417」為質因數分解。

尤拉是有策略地找到「641」這個可以除盡費馬數的數，而非亂槍打鳥。

尤拉的策略是，假設費馬數是「合成數（6＝2×3這種由

◆費馬數4294967297並非質數！

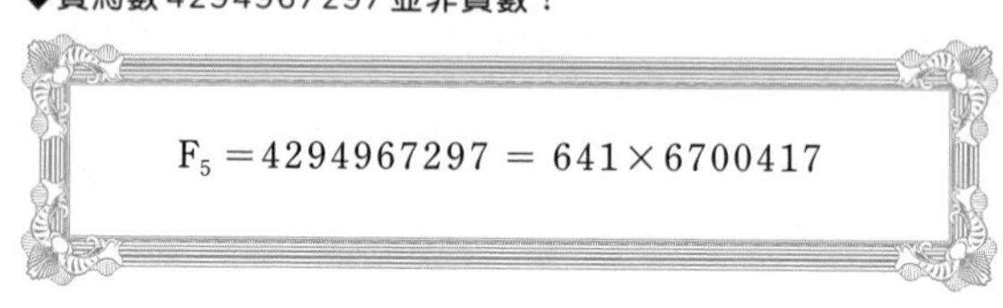

$$F_5 = 4294967297 = 641 \times 6700417$$

質數相乘的數）」，並找出有哪些因數存在。

也就是，假設第n個費馬數為「合成數」，那麼應該有「（整數）$\times 2^n + 1$」的因數。

所以當「$n = 5$」，就會是「（整數）$\times 2^5 + 1 =$（整數）$\times 32 + 1$」，之後只需要在「（整數）」的部分代入「1、2、3、…」這些值，再試著除以「4294967297」即可。

結果當（整數）為「20」時，也就是「641」的時候，就得到「$4294967297 \div 641 = 6700417$」這個結果。

證明費馬的預測是錯誤的例子就是這樣找出來的。

◆尤拉解出費馬數的策略

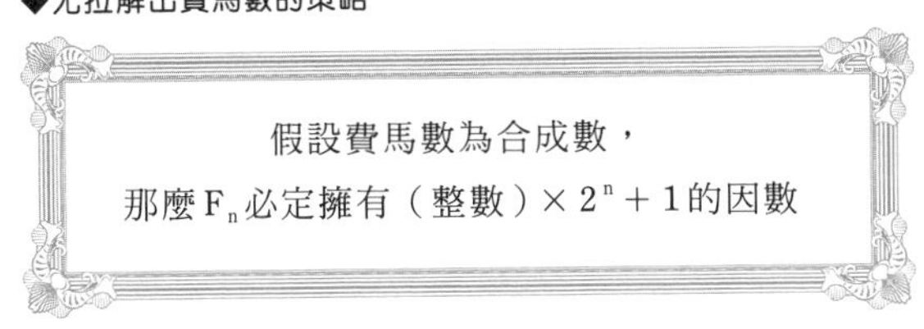

年過八十的數學家大發現

下一個費馬數「F_6」則是在尤拉之後接近150年的1880年，由富群・蘭道（1798～？）進行「質因數分解」。令人驚訝的是，當時的蘭道已經年過八十。

之後的費馬數就只能交由電腦進行計算。

直到現在，能進行質因素分解的費馬數只到第11個。由此可知，質因數分解是多麼困難的計算，而且就算是在此時此刻，也有人繼續在尋找費馬數。

一如隼鳥號在距離地球三億公里的位置，成功找到糸川小行星，要從天文數字之中找出質因數也是一趟難如登天的冒險。順帶一提，隼鳥號的軌道計算用到了十五位數的圓周率。之所

◆蘭道的大發現

$$F_6 = 2^{(2^6)} + 1 = 274177 \times 67280421310721$$

◆透過電腦找出的費馬數

1970年

$$F_7 = 2^{(2^7)} + 1$$
$$= 59649589127497217 \times 5704689200685129054721$$

1980年

$$F_8 = 2^{(2^8)} + 1 = 1238926361552897 \times 9346163 \\ 97153579777691635581996068965840512375416 \\ 38188580280321$$

◆已經找到第 11 個費馬數

1988 年

$$F_{11} = 2^{(2^{11})} + 1 =$$
$$319489 \times 974849 \times 167988556341760475137 \times$$
$$3560841906445833920513 \times (564 \text{ 位數的數})$$

以要如此精準，是為了修正隼鳥號在宇宙運行之際，有可能產生的軌道誤差。

一如隼鳥號達成任務之際所獲得的喜悅，成功找到「費馬數」的質因數也讓我們興奮不已。能回收原以為再也回不了家的隼鳥號是件非常了不起的事，這也讓我聯想到高斯這號人物。

從德國數學家高斯（1777～1855）曾擔任哥廷根天文館館長這件事，就可以知道高斯有多麼喜歡天文學。他於天體觀測之際找出「誤差論（常態分布）」與「最小平方法」這兩種數學理論，而且還自行建構一套數學理論，成功推算出曾一度發現，後來卻不見蹤影的穀神星的軌道，最終也真的根據高斯的計算成功捕捉到穀神星的景。

一如將遠在天邊的穀神星與高斯連結在一起的是數，在宇宙航行的隼鳥號之所以能與地面管制室連結，靠的也是數。

沒想到尋找數字與尋找星球居然有這等相關性。

探索質因數之旅將繼續下去

這兩者的差異在於歷史的長度不同。人類擺脫重力，進入宇

◆小行星探測機「隼鳥號」與圓周率π

隼鳥號之所以能成功回到地球，全因利用了15位數的圓周率算出精準的軌道。

宙這件事只有50年的歷史，但是「費馬數」的質因數探索之旅自1732年的尤拉以來，已經經過了約290年的歷史。

相對於噴出熊熊烈火，飛向宇宙的火箭，尋找數字這項漫長的作業只聽得到鉛筆摩擦桌面的聲音。話說回來，火箭之所以能飛向宇宙，展開探索之旅，全都是拜數與數學所賜，而這也是讓我們對眼前的數有另一番想像的第一步。

你不知道的世界

這個世界有不存在的空間？

其實在數學的世界之中，存在著各式各樣的世界，而且還陸續出現了聽都沒聽過的「空間」，而這些「空間」簡直就是未知的世界。

接著讓我們一窺這些奇幻的世界吧。

所謂的「世界」，其實就是我們人類活動的「空間」，物理性的空間，進行社會活動的場域，或是心理的空間都屬於這種空間。

「Cyber Space」的中譯為「電腦空間」，而這種虛擬空間都可說是我們進行各種活動的「世界」之一。

換言之，「世界」可直接代換成「空間」。

數學的主角是「數」、「形」與「函數」，而在數學之中，這些東西棲息的「世界」就稱為「空間（Space）」。

為了發現新品種而與空間相遇

比方說，數學有下列這些「空間」。

n次方歐幾里德空間。n次方實內積空間。子空間。Exotic R4空間。非歐幾里德空間。射影空間。對偶射影空間。複數射影空間。模空間。線性空間。位相線性空間。賦範向量空間。度量向量空間。對偶向量空間。切線向量空間。位相向量空間。商線性空間。直和空間。正交補餘空間。n次方仿射空間。賦距空間。完備賦距空間。巴拿赫空間。希伯特空間。函數空間。雙曲空間。位相空間。郝斯多夫空間。勒貝格空間。索伯列夫空間。連續對偶空間。

其實真的有各式各樣的「空間」，光是記住它們就得費不少工夫，而這些屬於數學的「空間」都可在定義之中找到特徵。如果在充滿數與形的「世界」探險，就會遇到擁有各種特徵的數。

數學家都盡力以正確、精準與簡單的方式認識這些「特徵」。

也將在探險的旅途裡，發現這些數都在哪些空間棲息。

這很像是生物學家觀察新品種的生物，再為這些生物命名與分類的過程。

向量的存在

所謂的向量就是箭頭，而箭頭擁有「方向」與「大小（箭頭的長度）」這兩種性質，而擁有向量性質的物理量就稱為向量，我們身邊也有各式各樣的向量。

比方說，「風」就是其中一種。「今天吹南南西的風，風力三級」說明了風的方向與強度對吧？車子的速度其實也是一種向量。車子在每個瞬間都朝著某個方向，在某種速度之下運動，而這就稱為速度向量。速度向量的大小就是速度。

大部分研習數學的大學生都會先從「線性代數」開始學習。「代數」就是利用文字代替「數」計算的數學，而「線性代數」則是整理矩陣、行列式這類理論的系統。

其實向量就棲息在「線性空間」這個世界。

下一頁的圖就是這個世界的風景。

在這張圖中，到底哪裡有「箭頭→」呢？

我們應該都在高中的數學課學過向量就是在文字上方加上箭頭的「→V」，但如果繼續學下去，就會發現向量只寫成「v」，也不知道為什麼箭頭會消失。

◆向量到底是什麼…？

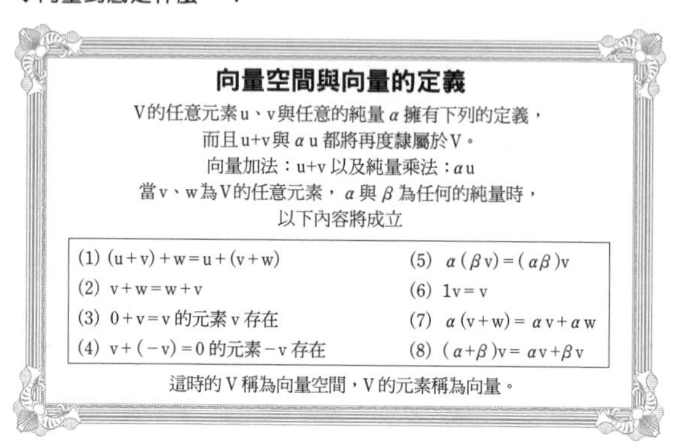

向量空間與向量的定義

V的任意元素u、v與任意的純量 α 擁有下列的定義，
而且u+v與 αu 都將再度隸屬於V。
向量加法：u+v 以及純量乘法：αu
當v、w為V的任意元素，α 與 β 為任何的純量時，
以下內容將成立

(1) $(u+v)+w=u+(v+w)$
(2) $v+w=w+v$
(3) $0+v=v$ 的元素 v 存在
(4) $v+(-v)=0$ 的元素 $-v$ 存在
(5) $\alpha(\beta v)=(\alpha\beta)v$
(6) $1v=v$
(7) $\alpha(v+w)=\alpha v+\alpha w$
(8) $(\alpha+\beta)v=\alpha v+\beta v$

這時的V稱為向量空間，V的元素稱為向量。

此外，也很難從定義或是公式想像「向量空間」。

直到我們接受了「空間」的洗禮，不斷地了解所謂的「向量空間」，才總算知道這片風景從何而來，也才能看清這片風景。

「實數」、「座標（x,y）」、「複素數」、「多項式」、「函數」，想必大家都曾在學校學過這些，而這些數學詞彙的對象其實都是「向量空間」。我們在高中學習這些數學知識的時候都是分開來學習，感覺上就是瞎子摸象，但其實這些數學知識都棲息在擁有相同性質的「空間」。

話說回來，為什麼「向量空間」又被稱為「線性空間」呢？這是因為在兩個向量空間之中的「橋（映射）」具有「線性」特徵。

簡單來說，當不同的空間透過「線性映射」相連，擁有這種性質的「空間」就稱為「向量空間」。

向量也常應用於經濟學

經濟學與物理學也因這個「向量空間」受惠。

微觀經濟學或量子力學這類在二十世紀蔚為主流的理論都能以「向量」與「向量空間」解釋清楚。

透過「向量」看到的風景就像是抽象畫，會覺得很難理解也很正常，不過，了解抽象事物的重要性也非常重要。

抽象畫是一種從多種具體的風景找出共同特徵，再將這些特徵畫成畫的繪畫技巧，而這種繪畫技巧的最大魅力在於經過抽象化的過程之後，世界會變得無限寬廣。比方說，抽象畫之中的紅色圓形有可能是蘋果，也有可能是某種象徵，當然也有可能只是紅色圓形。

人類花了幾千年才學會「向量空間」這種抽象畫。

先前列出的各種「空間」與「向量」一樣，都是當我們在未知、難以理解的世界探險時，定睛凝視才得以看清的對象，所以這些空間才都會被稱為「空間」。

妖怪與空間令人意想不到的連結

提到漫畫家水木茂（1922～2015），大部分的日本人都會想到妖怪，但其實水木茂筆下的妖怪世界也是「你不知道的世界」。

在水木茂大師的腦中，有個無限寬廣的水木世界。以妖怪世界為舞台所誕生的漫畫，都是水木大師使盡渾身解數繪製的巨作。

我們每個人的心中都有一個專屬自己的「世界」，所以很難與別人分享這個世界。

水木大師透過漫畫讓他心中的「世界」具體成形，也成功地透過漫畫與許多人交流。

當我們沉浸在水木漫畫的世界時，根本不會去想這世界根本沒有妖怪這件事。

可以肯定的是，水木大師筆下的妖怪有能力讓人相信它們活在水木茂的世界之中。明明妖怪是超越現實的存在，卻能讓人感受到無比的真實性，體會非現實與現實之間的不可思議。我們也能以了解水木漫畫的方式了解數學。

換言之，當我們沉浸在數學時，也有能捕捉到的現實，但數學與漫畫不同的是，要想沉浸在數學的世界，就必須先熟悉數學特有的用語。

在數學的世界展開冒險之後，就會遇到「數」、「形」、「函數」、「向量」這些登場人物。

此時，數學家會想要找出這些登場人物的住處，這就是數學的「空間」。

俄羅斯有位數學家名叫列夫・龐特里亞金（1908～1988），他雖然在小時候因為一場意外而失去視力，但還是努力研究幾何學。他不僅沒對這場意外有任何抱怨，甚至還覺得這場意外是福不是禍。

他認為，多虧眼睛看不見，才讓他發現了另一個世界。

水木茂透過漫畫讓我們知道另一個陌生的世界，而數學家也同樣讓我們看到了「我們所不知道的世界」。

如果我也是
妖怪的話，
會變成
什麼樣啊…
呵呵呵呵

為什麼分數的除法要倒過來計算？

分數的除法實在不可思議

數學與公式可說是一體兩面。

在小學學到的分數，尤其是分數的除法，大概是我們最先學到的公式。

話說回來，大家是否曾經在長大之後，覺得分數的計算「很不可思議」呢？仔細一想就會發現，我們習以為常的分數計算其實充滿了「？」。

讓我們重新複習一下除法吧。

$6 \div 2 = 3$

在6之中到底有幾個2？這就是除法的本質。

讓我們以相同的邏輯思考以分數當除數的情況。

$1 \div 1/7 = 7$

在1之中，總共有幾個1/7呢？

答案是「7個」。

若以此為據，應該就不難理解「$3 \div 1/7 = 3 \times 7 = 21$」。

◆將分數的除法畫成圖之後

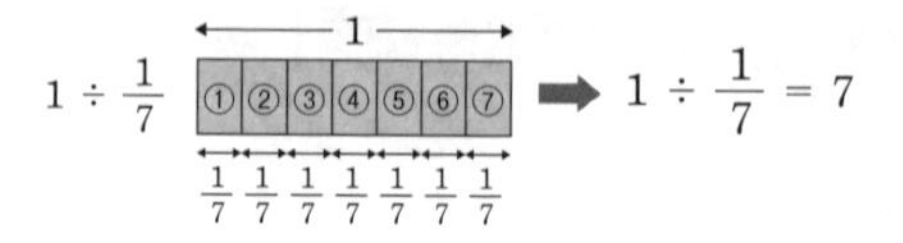

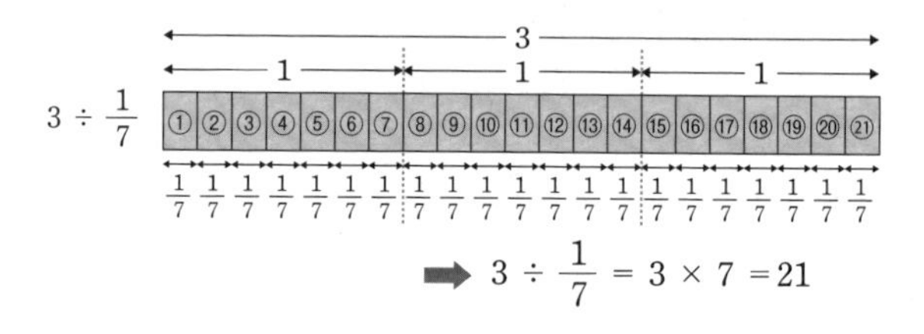

當除數為「1/7」這類分數時，就像是分子與分母顛倒過來計算。

利用油漆問題思考除法

接下來讓我們利用其他的例子思考分數的除法。

這次要利用的是「替牆壁塗油漆」這個例子。

假設手邊有1公升可塗3公尺的油。那麼12/5公升可以塗幾公尺？

◆試著利用油漆塗牆壁

1 公升可塗 3 公尺的油漆

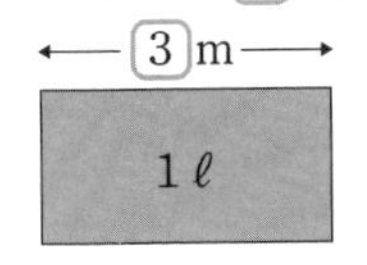

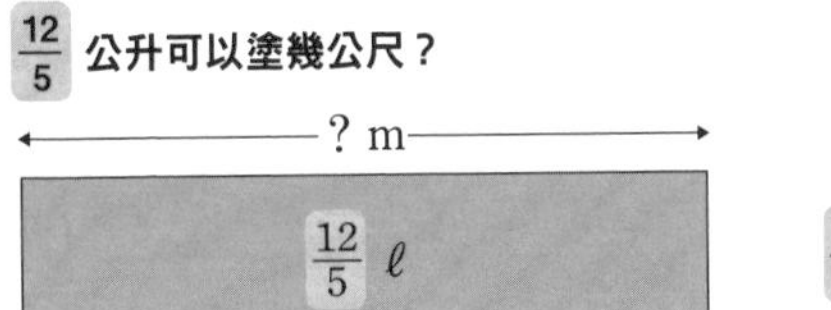

$\frac{12}{5} \times 3$ m

答案可透過「12/5×3（公尺）」求出。

接著要問的不是1公升能塗幾公尺，而是塗1公尺要幾公升的油漆。

塗1公尺需要多少油漆？

如果塗1公尺需要7/5公升的油漆，那麼12/5公升可以塗幾公尺呢？

第一步讓我們先以分數的公式計算。

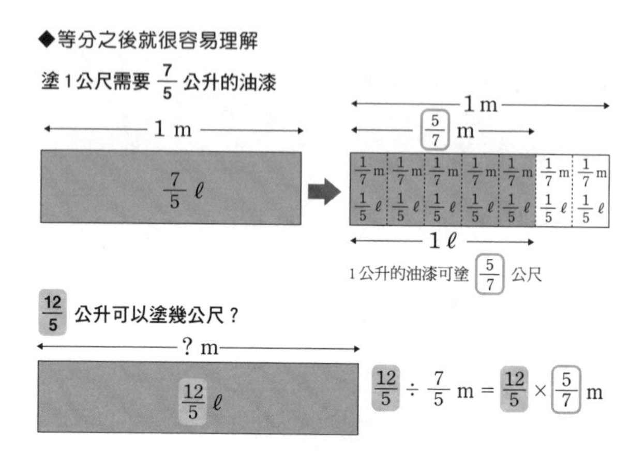

12/5公升是7/5公升的幾倍呢？

只要先求出這裡，再乘以1公尺，就能算出想要的答案。

換言之，答案就是「12/5÷7/5（公尺）」。

如果不知道這個分數該怎麼除，這裡會教大家怎麼計算。

請大家看看上圖。圖中記載了1公尺與7/5公升，而將這張圖分成七等分，就是右箭頭右側的圖。

如此一來就會發現，一條帶子為1/7公尺，而要塗滿帶子需要1/5的油漆。由於1公升的油漆能塗滿5條帶子，所以

「1/7為5條＝5/7（公尺）」。

換言之，這與計算前一道問題的方法一樣，只要利用乘法「12/5×5/7（公尺）」就能求出答案。

這意味著「12/5÷7/5＝12/5×5/7」。

因此，「每1公尺需要a公升油漆」等於「每1公升可塗1/a公尺」。想必大家已經知道調整基準點，計算方式也會跟著改變了。

a會變成1/a。

這簡直就是讓分數顛倒的感覺。

分數的「除法」可轉換成乘法。

想必大家已經透過這道油漆問題了解這個現象了。

回過神來，才發現早就已經學過的公式

順帶一提，小學六年級的算數課本似乎沒有記載「a/b÷c/d＝a/b×d/c」這種分數除法公式。

不過，我的小學六年級數學課本有138頁的圖說。

原來我們早在很久以前就將「分數的除法就是讓除數的分母與分子換位置，再讓兩個分數相乘」當成公式背起來了。

當成公式背起來也能解決一小部分的「為什麼」。如果真要先解開所有數學公式的「為什麼」再使用這些公式的話，恐怕會變得礙手礙腳，所以背公式絕對不是什麼壞事。能跳過「為什麼」，自在地使用公式也是件很有意義的事。

在數學的世界裡，公式是所謂的結果。

在釐清各種條件之後，讓所有的結論歸總為一個算式。這個算式就是所謂的公式。

對「使用者」來說，公式是能在必要的時候快速引導我們找出結論的最佳幫手。

數學就是發現公式的接力賽

只是一旦將公式視為結果或終點，當然會覺得「數學這個故事」很沉悶。不管是什麼故事，都得從「開頭」出發，一步步追著後續的「劇情」，再看「結局」，才能細細品嘗故事的魅力。

不管是什麼童話故事，只聽結局都是很無聊的，數學也是一樣，只了解公式這個結論當然很無趣。

公式往往可以帶領我們找到另一個新公式。數學就是在數學家交棒給數學家的「發現公式接力賽」的過程中慢慢地演化。

以問「為什麼」的態度以及視角觀察之前學過的公式，也就是所謂的「結論」，公式就會變成故事的「開頭」。

如此一來，你就能以公式為起點，踏上前所未有的旅程，體驗之前未曾體驗過的計算過程。

為什麼不能用「0」除？
——有趣的數學課

學生的一個簡單提問

（在某間教室）

某天，學生在課堂上發問。

學生：「老師，為什麼除法不能用『0』除呢？」

接下來就讓我們為這個學生講解一番吧。想必他是好不容易鼓起勇氣才發問的

老師：「謝謝你問了這個很棒的問題。大部分的人在有疑問的時候，是不敢向老師提問的，因為大家都害怕被同學當成怪人，不過呢，不用擔心這種事，因為你的問題很棒，而且很重要。」

為什麼這個問題這麼重要呢？

◆**除法是以「乘法為前提」**

$$2\times 3=6 \Rightarrow 6\div 2=\frac{6}{2}=3$$

$$4\times 3=12 \Rightarrow 12\div 3=\frac{12}{3}=4$$

$$5\times 1=5 \Rightarrow 5\div 5=\frac{5}{5}=1$$

接下來讓我們用心聽聽老師的說明吧。第一步要重新思考「除法到底是什麼」這個問題。請大家先看看上圖。

除法就是「求出某數是其他數的幾倍的計算方法」，換句話說，「乘法比除法早一步誕生」。例如，「6÷2」就是計算「6是2的幾倍」的過程。一開始是先有「2乘以3倍等於6」的邏輯，而從這個計算過程可以發現，除法與乘法互相對應的關係。

乘以0會得到什麼答案？

接著讓我們思考以「0」當除數的「除法」吧。

比方說，「3÷0＝？」就是計算「3是0的幾倍」對吧？若將這個除法轉換成乘法的算式，可以得到「0×？＝3」這個算式。

也就是「0×？＝3」→「3÷0＝？」的意思。

那麼該在這個乘法公式的「？」填入什麼數字呢？「0」要乘以哪個數字才會等於「3」？答案是沒有這種數字。

沒錯，所以「3÷0」的答案就是「沒有這個答案」。

接著還有另一個以0除以0的計算。

也就是「0÷0」的算式。讓我們依樣畫葫蘆，試著以乘法的算式找答案。

「（乘法的算式）」→「0÷0＝？」

如此一來，「（乘法的算式）」就是「0×？＝0」。

那麼此時可在「？」的部分填入什麼數字呢？

答案是有非常多種。

$0 \times 0 = 0$

$0 \times 1 = 0$

$0 \times 2 = 0$

$0 \times 3 = 0$

「？」的部分可以是任何數字。

因此會得到

$0 \div 0 = 0$

$0 \div 0 = 1$

$0 \div 0 = 2$

$0 \div 0 = 3$

這個結論。

換句話說，「０÷０」的答案有「無限多種」。

不能以「0當除數」的真正理由

因為「６÷３」的答案只會是「＝２」，這個除法才有意義，而這個道理可套用於除法以及任何計算過程。

不管是「３＋５」、「６－４」還是「８×３」，答案都只有一個，而「a÷０」的「答案卻不會只有一個」。

這就是「不能以０當除數」的真正理由。

這在數學的世界稱為「未定義的計算」，詳情可參考下一頁的圖。

「未定義的計算」是什麼？或許有些人從來沒聽過這種說法，但這很正常，因為我們從小學開始學的任何計算，都是「能定義」的計算。

我們在學校學到的算數或數學，都少了下面這句話。「待會各位要挑戰的計算都已經具有明確的定義，所以放心計算就好了喔。」

「以０當除數的計算」則是絕佳的教材，讓我們知道這句話

◆**無法定義「a÷0」**

「在a不為0的情況下」➡
「a ÷0」的答案不存在。

「在a為0的情況下」➡「a ÷0」的答案有無限多個。

因此，無法定義「a ÷0」。

未提及的前提。

就是因為如此，「為什麼不能以0當除數？」這個問題才會這麼重要。

0次方為什麼是1？

認同高於信仰

$a^0 = 1$

這是我們在學校學到的公式。

「為什麼0次方會是1呢？」有些人或許會覺得這個定義有點怪怪的，但學校老師不會進一步說明箇中理由。

雖然覺得怪怪的，但應該有不少人會覺得「總之把a的0次方為1這個公式背下來再說吧」或「老師說這樣就這樣，沒什麼好奇怪的」。

不過，數學不是「信仰」，不斷地思考，直到認同為止，就有機會找到意想不到的趣味。

接下來就讓我們一起思考，直到認同「0次方為1」這個公式為止吧。

〈認同0次方為1！STEP①〉

請先看一下右頁的圖，大家是否注意到某個有趣的部分呢？

◆列出 2 的指數之後…

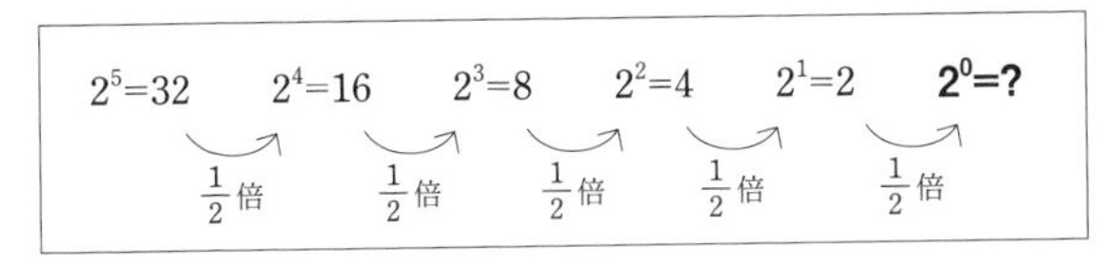

◆列出 3 的指數之後…

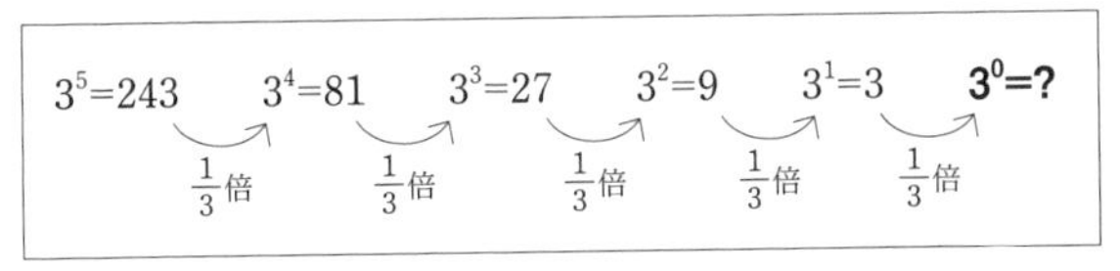

仔細觀察指數的部分就會發現，指數出現了「5、4、3、2、1」越變越小的趨勢，而右邊的值也跟著以「1/2倍」或「1/3倍」的速度越變越小。

假設這個趨勢繼續延續下去，那麼「20」或「30」就會是前一個數字「2」或「3」的「1/2倍」與「1/3倍」，換言之就會是「1」。

接著讓我們繼續思考指數為負數的值。

◆當指數為負數會有什麼結果？〈以2為例〉

$2^5=32$	$2^4=16$	$2^3=8$	$2^2=4$	$2^1=2$	$2^0=1$
$2^{-1}=\frac{1}{2}$	$2^{-2}=\frac{1}{4}$	$2^{-3}=\frac{1}{8}$			

◆當指數為負數會有什麼結果？〈以3為例〉

$3^5=243$	$3^4=81$	$3^3=27$	$3^2=9$	$3^1=3$	**$3^0=1$**
$3^{-1}=\frac{1}{3}$	$3^{-2}=\frac{1}{9}$	$3^{-3}=\frac{1}{27}$			

〈認同0次方為1！STEP②〉

一如之前的說明，指數為代表「相乘幾次」的自然數。如果讓指數變化的規則進一步延伸，就能包含指數為「0」或是「負數」的部分，而這個規則又稱為「指數律」。

「$a^0=1$」這個謎團也因為這個法則而完全解開。一如因「克萊因瓶」而聲名大噪的德國數學家菲立克斯・克萊因（1894～1925）所述，只要仔細傾聽，公式就會開始在耳邊述說許多故事。

◆指數律

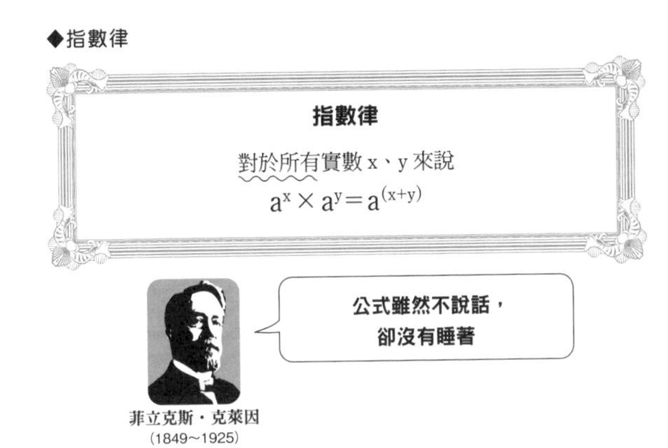

請大家看看上面的圖。其中是不是寫著「對於所有的實數x與y」呢？

因此讓我們假設「$y=0$」，就會得到「$a^x \times a^0 = a^{(x+0)} = a^x$」的結果，也會得到「$a^0=1$」這個答案。

如果覺得這樣很難懂的話，可試著假設「$x=2$、$y=0$」。

如此一來，會得到「$a^2 \times a^0 = a^{(2+0)} = a^2$」的結果，而這個算式的答案一樣是「$a^0=1$」。

〈認同0次方為1！STEP③〉

由此可知，「$a^0=1$」也是指數律的一種，如此一來，就會知道算式對於負數指數的意義。

若根據指數律計算，當「$x=1$」、「$y=-1$」，會得到$a \times a^{(-1)}=a^{(1-1)}=a^0=1$，也就是$a^{(-1)}=1/a$的結果。

假設$y=-x$，就會得到$a^x \times a^{(-x)}=a^{(x-x)}=a^0=1$，意思是，$a^{(-x)}=1/a^x$。

「為什麼$a^0=1$？」這個問題的答案就藏在指數律之中。

全世界最簡單的說明？

其實不用公式也能說明「0次方為什麼為1」。請大家準備一張影印紙。對折之後，這張影印紙的厚度會是原本的2倍，第2次對折之後，厚度會變成4倍，第3次對折會變成8倍，所以「2的1次方為2、2的2次方為4、2的3次方為8」。

一開始尚未對折的狀態則屬於「0次對折」的狀態，此時影印紙的厚度就是原本的厚度，也就是1倍的厚度，這種情況就是「2的0次方等於1」。

在江戶時代邊旅行邊教學的數學家

充滿多樣性的江戶時代「寺子屋」

從全世界的角度來看，日本江戶時代庶民的數學水準實在高得「離譜」。走進寺子屋（私人補習班），可以看到與現代的學校或補習班截然不同的學習態度。

現代的小朋友往往是為了「考試」而讀書，學習的內容以及態度往往會隨著該科目是否為考試科目而有所不同。

不過，江戶時代沒有現代的考試制度，也沒有依照年齡或學習程度分班的制度，所以小朋友與年輕人都是一起上課。

寺子屋的課程非常多元，例如學習書法或是算盤。由江戶時代前期數學家吉田光由（1598～1672）所寫的「塵劫記」是一本跨越世代的算術教科書，許多江戶庶民都讀過。

這些在寺子屋學習的小朋友之中，有不少人成了數學家。

◆學習《塵劫記》的關孝和

關孝和自學《塵劫記》之後，便將日本自創的數學系統「和算」發揚光大。

邊旅行邊教數學的「遊歷算家」

江戶與現代到底有哪些不同之處呢？

其中之一或許可說是教數學的老師有很多種。若問當時有多少人想學數學，大概就是一在門口掛上「算法塾」的招牌，就會有很多人排隊報名。只要是對數學有自信的人，隨時都能開補習班教數學。

不過，鄉下不像江戶這些大都市，到處都有寺子屋。

一般認為，「和算」（日本算術體系）之所以能從都市普及至鄉下，都是因為當時有現代難以想像的某種教師存在。

那就是一邊在日本全國旅行，一邊教數學的和算家——「遊歷算家」。

透過數學的問答，比賽誰知道得更多

在眾多「遊歷算家」之中，最為有名的就是山口和（？～1850）。於越後出生的山口是在江戶極具知名度的長谷川寬道場學習和算。

在以《奧之細道》聞名的松尾芭蕉（1644～1694）死後的100年左右，山口造訪了奧州，所到之處的每個人都把他當成「從江戶來的大數學家」殷勤招待，並希望山口到自己這邊教數學。

鄉下的名主（類似於農村指導農民的人）會請山口來家裡住，同時請山口傳授和算，有的名主甚至會在村裡設立和算塾，讓村民一起學習和算。由此可知，當時的庶民對於知識的渴望程度。

文化15年（1818），山口認識了岩手一關的和算家千葉胤秀（1775～1849）。千葉是一位在仙台擁有3000位弟子的遊歷算家。山口在聽說這位地位與自己相當的和算家之後，便前去拜訪千葉，展開「和算問答」這項互相提問的競賽，結果山口獲得壓倒性勝利。

敗在山口手下的千葉也拜入山口門下，在長谷川寬道場繼續鑽研數學，也得到關流的畢業證明。這位千葉胤秀後來培育了許多弟子，讓江戶時代後期的一關地區成為全國首屈一指的和算發展地區。

憧憬數學的江戶時代

千葉於1830年所著的《算法新書》公開了向來被視為機密的和算，而這本《算法新書》不僅是非常適合自學和算的教科書，也在日本全國成為暢銷書籍。

值得一提的是，千葉胤秀是於農家出生，所以他的學生多來自農民階層，因此以和算為主的農民求知文化也於江戶後期的東北地區發展。

雖然寺子屋已經消失，但江戶時代曾有這種傳授和算的環境，以及大批被稱為遊歷算家的和算家，當時的孩子則有機會看著這些大人的背影學習和算。

Part Ⅲ

超有趣！一讀就不想睡覺的數學

日本人與數學都喜歡「超」

超數學？

到底「超可愛」這種說法是從何時開始的呢？

「超」這個字眼有「非比尋常、很厲害」的意思，除了有「超好吃」、「超誇張」這種說法，在日文之中，甚至會跟英文搭在一起，說成「超 very good」。

話說回來，很久以前就曾流行過「超合金」這種說法。

日本人真的很喜歡「超」。

其實數學的世界也有很多帶有「超」的詞彙。

超空間、超越數、超函數……都是其中的例子。

如果試著探索為什麼這些名詞會冠上「超」這個字眼，會發現許多有趣的事情。

在數學世界之中的各種「超」

▶源自hyper的「超」

超空間、超平面、超曲面、超球面、超幾何級數

「超空間」的英文是「hyper space」，而「超平面」、「超曲面」、「超球面」都是在「平面（plane）」、「曲面（curve）」、「球面（sphere）」的前面加上「hyper」的字眼。

我們通常只能感受到長、寬、高這三個方向的立體空間，但是以這個概念為起點的現代數學卻成功建構了更高維度的空間，而這就是以「hyper」為字首的「超空間」。在中文裡，「hyper」往往被譯為「超」，若是稍微解釋一下正確的定義，大概就是超曲面為「n次方歐幾里德空間」之中的「n－1次方子流形」這種解釋。

此外，也有「超幾何級數」這種超越想像的概念。超幾何級數的英文為「hypber geometric series」，由此可知「hyper」也是被譯為「超」。所謂的超幾何級數就是讓高中學到的二項式定理（展開$(a+b)^n$的公式）標準化的幾何級數，所以才冠上「超」這個字眼。

接著是將「trans」譯為「超」的用語。

▶源自trans的「超」①
超越數(trancscendental number)

「transcendental」有「超乎常識、卓越」的意思,也有「難解的、抽象的」意思。

無理數之一的圓周率 π 其實是「超越數」,但同為無理數的「$\sqrt{2}$」卻不是超越數,而是被稱為「代數數」。所謂的「代數數」就是以有理數為係數的多項式之根。

請大家看看下一頁的圖。不管是 π 還是 $\sqrt{2}$,小數點之後的數字都有有無限多個,所以兩者看起來非常相似。

不過,這兩者之間存在著足以稱為「卓越」的差異。

那就是 $\sqrt{2}$ 這個數為「$x^2=2$」這個方程式的解。

而 π 卻不是任何一個方程式的解,像 π 這種不為任何方程式解的數就稱為「超越數」。正因為超越數是「超越」任何方程式的數,才被稱為「超越數」。

簡單來說,$\sqrt{2}$ 有所謂的「母方程式」,本身則是從這個「母

◆乍看之下，看不出任何差異

超越數與代數數

超越數　$\pi = 3.14159265358979323846264338327\cdots$

代數數　$\sqrt{2} = 1.41421356237309504880168872420\cdots$

方程式」衍生而來的數，「超越數」則是沒有這個「母方程式」的數。

眾所周知的整數、有理數或是帶有√的無理數幾乎都是「代數數」，但是德國數學家格奧爾格（1854～1918）卻證明了一項驚人的事實，那就是大部分的數都是「超越數」！

以直線上的點說明數的時候，這條直線稱為數線，而這條數線上的點幾乎都是「超越數」的點。這項驚人的事實讓所有數學家都大受衝擊。

一般來說，要判斷「某個數是否為超越數」是非常困難的一件事，但是德國數學家費迪南德馮・林德曼（1852～1939）卻成功地在1882年證明了「π 為超越數」。

這代表他證明 π 沒有「母方程式」。「超越數」是極為難解的數，還有許多有待解決的謎團。順帶一提，「2的$\sqrt{2}$次方」也是超越數。

像是骨牌般的數學

▶源自trans的「超」②
超限歸納法（transfinite induction）

我們在高中學習的數學歸納法就是「超限歸納法」。說得簡單一點，數學歸納法可比喻成推骨牌的過程。

在證明符合「所有自然數」的定理時，不可能一個個證明所有的自然數。

所以便出現了「數學歸納法」這種證明方式。

這是一種當第一個自然數，也就是「1」得到證明，後續的

「2」，以及接下來的「3」，或是後續無限多個自然數都可以得到證明的方法，很像是推骨牌的過程。

「finite」的意思為「有限」，所以「transfinite」是「超越有限」的意思。順帶一提，代表「無限大」的「infinite」則是「否定finite」的意思。

超越有限這種骨牌紛紛傾倒的過程可形容為「transfinite」，而在超越的盡頭之處，有著與「finite（有限）」相對的「infinite（無限）」。

除了前述這些冠上「超」的字眼之外，還有很多用語也都冠上「超」。

> ▶其他冠有「超」的用語　其①
> **超準分析（非標準分析，nonstandard analysis）**

其實「無限大」或「無限小」並不是「數」。

因為無限大（∞）是「無限放大的狀況」，而無限小則是「無限縮小的量」。

一如許多人將「∞」誤以為是「數」，數學家也曾不斷地思考，到底能不能將「∞」當成「數」這個問題，最終數學家想出「超準分析」這個全新的思維，也總算能將「∞」看待為「數」。

▶其他冠有「超」的用語 其②

超數學（元數學，metamathematics）

「超數學」是研究「證明」這個重要的數學主題的數學，屬於德國數學家大衛・希爾伯特（1862～1943）提出的「數學基礎論」的範疇。

比方說，維也納數學家庫爾特・哥德爾（1906～1978）曾提出「數學有無法證明，卻也無法否定的命題」的定理，而這個被稱為「哥德爾不完備定理」的定理，正是所謂的「超數學」。

由此可知，數學也有不少冠上「超」的用語，而這些用語的共同特徵則是「很厲害」的意思。基於「超越現存數學的理論＝超」的概念，套用「超」的數學用語幾乎都是新的理論。

「超音速」、「超並列計算機」、「超分子」這類冠有「超」的現代科學用語與上述的數學用語一樣，都是以相同的邏輯使用「超」這個字。

日本數學家居然也生出「超」！

最後要介紹一定要知道的「超」數學用語。之前介紹的用語都是從外文翻譯過來的名詞。

不過，在日語之中，也有原生的「超」數學用語，那就是「佐藤的超函數」。

德國數學家赫爾曼・施瓦茨（1843～1921）提出的「distribution（分布）」在日本譯為「超函數」。

在日本之外的國家都使用「distribution」這個字眼，唯獨日本使用「施瓦茨的超函數」這種說法。

佐藤幹夫（1928～）提出的全新函數（超函數）譯為「hyperfunction」這個英文，全世界的數學界則將這個超函數稱為源自日本的「超函數」。

所謂的「超函數」是超越各種函數的全新概念，也是可於物理學或工程學應用的重要概念。「超函數」標準化了現有函數的函數，所以被稱為「generalized function（廣義函數）」，而佐藤的「hyperfunction」則超越了施瓦茨的「distribution」，在數學界成為一顆璀璨的新星。

這就是在喜歡「超」這個字的日本誕生的「超函數」。

由此可知，日本人與「超」這字個有多麼搭配這件事也在數學的世界得到證實。

數學家是超能力者？

提到「超」就會想起過去曾有一段時間很流行所謂的超能力。比方說，曾有超能力者在電視節目表演以無形的力量彎曲湯匙的超能力，讓全日本的人都看得目不轉睛。

不過，若從以前的人的角度來看，沒有數學就無法成形的「IT世界」，恐怕比彎曲湯匙更厲害，更難以想像吧。

假設明治時代的人坐著時光機來到電腦與手機隨處可見的現代，肯定會大叫：「這是超能力吧！」

這時候我們就必須讓這些祖先知道「這種超能力的真面目是數學」。

現代的我們發現了數，也找出藏在數與數之間的關係，然後懂得應用這些關係。

可見數學是真正的「超能力」，而現代數學為了強調那些超越這種超能力「重大發現」，以「超」替這些重大發現命名。

我們開發了數學這種超能力。

接下來，我們也將繼續發現可以冠上「超」的數學理論，再將這些數學理論琢磨成所謂的「超能力」。

3D與2D哪一個比較厲害？

為什麼3D那麼受歡迎？

現在已是電視、電影、電動都追求3D（3－Dimensions：三次元）的時代。

為什麼廣告文案都不使用「立體」，而使用「3D」這個字眼呢？有可能是因為「3D」更能強調性能優於過去這點。的確，比起「從平面升級至立體」這種文案，「從2D升級至3D」這種使用數字說明的文案更能讓人一眼留下印象。

此外，「D」，也就是「次元」這個字眼本身似乎也有宣傳效果，因為「次元」常用來表示「有所區別」或「層次不同」。

「跟你是不同層次的人！」

我們有時會在日常會話使用「層次不同」這種說法對吧？想要貶低對方的時候，我們會說對方「層次太低」，反之，如果對方比較優秀，或是比自己厲害（抑或高於一般人的水準），則會說成「層次太高」。

話說回來，這裡的層次相當於「次元」的意思，而「次元」這個字眼在數學的世界又做何解釋呢？

數學世界的「次元」

在數學的世界之中，用來說明空間大小的詞彙就是「次元」。比方說，「零次元空間」代表的是「點」，「一次元空間」代表的是「直線」，「二次元空間」代表「平面」，「三次元空間」代表「立體」的空間。一般來而，我們最多只能辨識到「三次元空間」，但是要利用座標描述「次元」並不困難。

比方說，「1,2」為「二次元空間」，（1,2,3）為「三次元空間」，（1,2,3,4）為「四次元空間，（1,2,3,4,5）為「五次元空間」，透過數字的個數就能簡單地描述「次元」。

換言之，「n個」數（1,2,3,…,n）就是n次元座標。

不過，目前已知的是，從原本的圖形，也就是幾何高次元世界所見的「次元」的差異比想像中來得困難。

討論龐加萊猜想的數學家連續劇

這就是「龐加萊猜想」的證明。

1904年，法國亨利・龐加萊（1854～1912）提出了下列的問題之後，經過一百多年的時光，總算在2003年由俄羅斯數學家格里戈里・佩雷曼（1966～）證明完全無誤。

「龐加萊猜想」就是下列這個與三次元有關的題目。

> ▶龐加萊猜想
> **任何一個單連通的封閉三次元流形一定同胚於一個三次元球面。**

下列則是針對「四次元以上」的猜想

> ▶高次元龐加萊猜想
> **n次元的同倫球面一定同胚於一個n次元球面。**

接下來是證明的流程。五次元以上的「高次元龐加萊猜想」

於1960年由美國數學家史蒂芬・斯梅爾（1930～）證明，四次元的龐加萊猜想則於1981年得證。

這時候發生了一件大事。

英國數學家西蒙・唐納森（1957～）證明「四次元空間」為特別的空間。

他發現就算是乍看之下極為類似的「四次元空間」，也有改變觀點就完全變貌的「四次元空間」。

在前述的五次元與四次元空間都得到證實之後，最終由佩雷曼證實最初的「三次元龐加萊猜想」。「五次元以上的龐加萊猜想」比想像中容易證實，而「四次元龐加萊猜想」的求證則比較困難，至於「三次元龐加萊猜想」則最難證實，這個結果真是令人玩味。

低次元的「次元比較高」？

大部分的人都會覺得高次元比較困難，但其實不然。低次元(「四次元」與「三次元」)不僅越來越難，還需要更高階的證明方法才能求證。

對「龐加萊猜想」的求證做出貢獻的斯梅爾、唐納森與佩雷

◆證明龐加萊猜想的格里戈里．佩雷曼

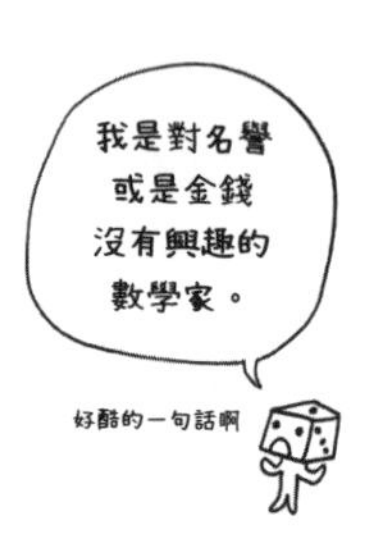

曼都獲頒被譽為數學諾貝爾獎的「菲爾茲獎」。

不過，只有成功突破最後關卡的佩雷曼婉拒了菲爾茲獎。

討厭與人群接觸的佩雷曼婉拒了美國克雷數學研究所頒發的「破解龐加萊猜想」的100萬獎金，選擇與母親在俄羅斯過著安穩的生活。

「超弦理論」與次元

另一方面，物理學的世界也發生了類似的事件。粒子物理學的最大夢想就是統一所有的粒子。

最能實現這個夢想的是「超弦理論」，而這個理論提及的「次元」為三十二次元、十六次元、十二次元、十一次元與十次元。

一如各位所知，我們身處的宇宙為四次元，共有「垂直」、「水平」、「高度」與「時間」這四個次元。

不過，以高次元為對象的「超弦理論」無法成功說明「為什麼這個宇宙為四次元」這件事。

由此可知，不管是在數學還是物理學的世界，「低次元」的問題往往比「高次元」的問題更難破解。

換句話說，「高次元」不一定代表「難度較高」。

如果此話當真，最近流行的「次元提昇」（人生階段升華）應該會讓人感到很無力吧。

一如「龐加萊猜想」與「超弦理論」所述，「次元升高」不是什麼了不起的事，反倒是我們身處的這個「四次元時空」更加神祕。

如果知道這點，卻還是想高喊「讓我們次元提昇吧！」的人，非常適合鑽研數學，因為在數學的世界裡有許多人正在研究「無限次元向量空間」、「無限次元希爾伯特空間」這些「『無限』次元」。

「次元」是代表空間大小的指標。

乍看之下，「3D比2D」更大，或是「高次元」的空間似乎比較高級，但更讓人吃驚的是，「低次元」充滿了難解的謎團。

或許今後會開始有人依照數學的邏輯，在貶低別人的時候說成「層次太高」，而在讚美對方比自己優秀時說成「層次太低」吧。

源自大地的單位

「1公尺」的起源

1公尺、1公斤、1秒。

我們測量眼前事物所需的「單位」都源自如同母親的「地球」。要能誕下這類單位，需要負責接生的人類，以及宛如寶寶洗澡水的「數」。

大家知道地球有多大嗎？

穿過北極與南極的大圓（子午線）的半徑約6357公里。乍看之下，這個值似乎不上不下，但其實圓周就大得多。

圓周的長度為直徑的3.14倍左右，所以地球的圓周為「6357×2×3.14＝3萬9921.96（公里）」。

這長度大概是4萬公里（4000萬公尺），這數字還真是工整對吧？但這純粹是偶然嗎？

其實「公尺」藏著一個不為人知的祕密。

法國最先開始測量地球！

讓我們先回到18世紀的法國。

當時每個人都不知道該如何說明紛亂的長度，也就是還沒有統一的單位。

1789年，法國革命爆發之後，新政府的政治家塔列朗（1754～1838）向全世界呼籲，希望能使用統一的單位。

當時的法國科學家不斷地討論制定長度單位的科學方法，最終於1791年，以通過巴黎的「赤道到北極的長度」的「一千萬分之一」為長度的基準。

換言之，就是將「子午線（同時穿過南極與北極的大圓）全長的四千萬分之一定為1公尺」。

這就是先前的計算結果會是整數的理由。

法國從1792年開始測量地球。

之後於1798年從功測出從法國都市敦克爾克到西班牙都市巴塞隆納的距離為1000公里。

這場在法國革命如火如荼之際，耗時6年的三角測量雖然是一場賭上性命，跨越國境的測量作業，但總算在1798年根據這次的測量結果算出子午線的總長，「公尺」這個單位也順利誕生。

雖然這個新單位遲遲無法普及，但法國政府還是持續在全世界推廣，最終總算得到各國的認同。1875年1月20日，17個國家於巴黎簽定「米制公約」，接納了這個新單位。

日本是於1885年加入「米制公約」，但正式開始使用「公尺」這個單位，是在以傳統單位的「尺、貫」為基本的度量衡法廢止，「計量法」普及的1966年之後。

換言之，歷經了80年的歲月，「公尺」這個單位才得以普及。

如今米制公約的加盟國共增至63國（2021年1月的資料），在法國大革命的時代，希望催生「全世界通用的單位」的人們總算得償夙願。

「1公斤」的源起

「公尺」是根據地球的圓周總長決定的單位。

邊長為1公尺的十分之一，也就是10公分的立方體體積為「$10\text{cm}\times 10\text{cm}\times 10\text{cm}=1000\text{cm}^3$（立方公分）」

這個體積被定為「1公升」，而「1公升」的水的重量（質量）則被定為「1公斤」。

不過，1公升的水的體積會隨著溫度改變，所以1790年的時候，訂出「1公升的最大密度溫度（攝氏4度）的蒸餾水為1公斤」這個定義。

於是重量（質量）的基本單位就是「1公斤」。

由於水不是穩定的物質，所以將「1公斤」的定義改為國際公斤原器的質量，於是全新的公斤定義便於2019年誕生（生效）。

1公斤的定義為普朗克常數固定值$6.62607015 \times 10^{-34}$ J・s秒。

在這項新定義產生之後，便不再以擁有130年歷史的國際公斤原器為基準。

由此可知，最初先根據地球的圓周制定「公尺」這個單位，之後再根據「公尺」制定代表體積的「公升」，最後又再根據1公升的水制定「公斤」這個單位，這意味著重量的單位是「公斤」，而不是「公克」。「1公克」是由「1公斤的千分之一」的方式制定的。

◆「國際公斤原器」

是由鉑90%、10%的銥組成的合金，形狀為直徑與高度都約39公釐的圓柱體。

極大數值的讀法

地球的重量約為「5972190000000000000000000」公斤。在此要為大家介紹極大數值的讀法。

簡單來說，就是不斷重覆幾千、幾百、幾十這類數字，然後每四位數加上萬、億、兆這類單位。

單位之後的數為「0」的個數。以「123億」為例，就是在「123」後面加上「8個0」，寫成「123,0000,0000」。

大家把「億」記成「8度」(octave) 的「8」應該會比較容

◆每四個位數就往上升一個單位！

◆各單位的0的個數如下

萬	億	兆	京	垓	秭	穰	溝	澗	正	載
4	8	12	16	20	24	28	32	36	40	44

極	恆河沙	阿僧祇	那由他	不可思議	無量大數
48	52	56	60	64	68

易。所謂的「8度」就是「Do、Re、Mi、Fa、Sol、La、Si、Do」這「8個」音。

看到「億」可立刻聯想到8度，然後再想起「因為有8個音，所以有8個零」即可。

由於每四位數就要換一個單位，而「兆」是「億」的下一個單位，所以要在「億的8個零」後面加「4個零」，總共有「12個0」。若是「京」這個單位則是再加「4個零」，也就是總共有「16個0」。大家可直接將「億」當成基本單位。

如此一來，地球的重量就為「約5秭9721垓9000京0000兆0000億0000萬0000公斤」，表記為「約5秭9721垓9000京公斤」。

「1秒」是從地球繞行太陽的時間算出

時間單位的「秒」也是根據地球的運行時間制定。

每60秒為1分鐘，每60分鐘為1小時，而每24小時為1天，所以1天共有60×60×24＝8萬6400（秒）。

這個「一整天的秒數」是重點。

地球是以南北極連成的軸心旋轉，而這稱為地球的自轉，但從地球往太陽看的話，會覺得是太陽繞著地球轉。

人類早在幾千年之前就開始從地球觀測太陽的動向，而在精準地觀測太陽的運行速度之後，便求出「一天的長度（自轉周期）」。

之後便將觀測所得的「一天長度（自轉周期）的8萬6400分之一」定為「1秒」，換言之，「秒」是根據地球的自轉周期制定。

最初每個人都覺得地球的自轉速度是固定的，但後來才發現地球的自轉速度會產生變化，所以也覺得必須根據更穩定的運行方式制定「秒」。

所謂更穩定的運行方式就是地球的公轉。地球繞行太陽一圈的時間（公轉周期）為「1年」，而且這個繞行速度非常穩定，所以「秒」這個單位要改成從「1年」求出，而不是從「1天」這個單位求出。

那麼「1年」有幾秒呢？

讓我們計算看看吧。由於「1天」有「8萬6400秒」，而「1年」有「365天」，所以1年有8萬6400×365＝3153萬6000（秒）。

就實際的情況而言，公轉周期稍微比「365天」長，所以一年的總秒數為「3155萬6925.9747秒」。

於是1960年左右，便出現了「1秒為1年的3155萬6925.9747分之一」這個定義。

愛因斯坦與單位

雖然長度、重度與時間的單位都是以地球為基準，但時間一久，就需要更精確的單位。

比方說，「公尺」這個單位一開始是根據地球的圓周制定，後來以「國際公尺原器」為基準，之後為了追求極致的精確度，而以「原子」這個微觀的世界作為基準，而這個基準就是「光」。

1960年，「1公尺」被定義為「氪86的光波長的165萬0763.73倍」，到了1983年之後，又被定義為「光在真空之中走2億9979萬2458分之1秒的距離」，而這個定義也沿用至今。

為什麼會以「光」為公尺單位？

告訴我們該以光為公尺單位的是阿爾伯特・愛因斯坦（1879～1955）。他在「特殊相對論」（狹義相對論）提出光速是恆定的，不會受到光源的運動而改變。

不知道大家是否已經發現，前述的公尺的定義有「秒」這個單位呢？

換言之，秒與公尺之間有著「有秒才有公尺」這種相關性。

「1秒」的定義與「公尺」一樣產生了變化。最初是以地球自轉作為「秒」的基準，後來演變為以地球公轉為基準，如今

◆愛因斯坦的質能轉換公式

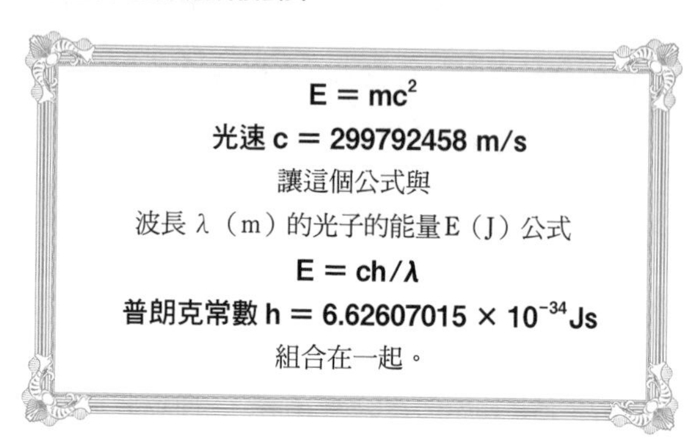

則是以原子鐘精準定義。原子鐘的原理是吸收或放射原子本身具有的特定頻率的電磁波。

1967年，以「1億年僅誤差1秒」的「銫原子」定義「1秒」之後，「1秒的長度就被定義為『銫133原子於基態之兩個超精細能階間躍遷時所對應輻射的91億9263萬1770個週期的持續時間』」。

今後應該會繼續提升「原子鐘」的精確度，開發出數百億年才誤差一秒的「超精準原子鐘」。

◆幾何學是測量地球各種數據的技術

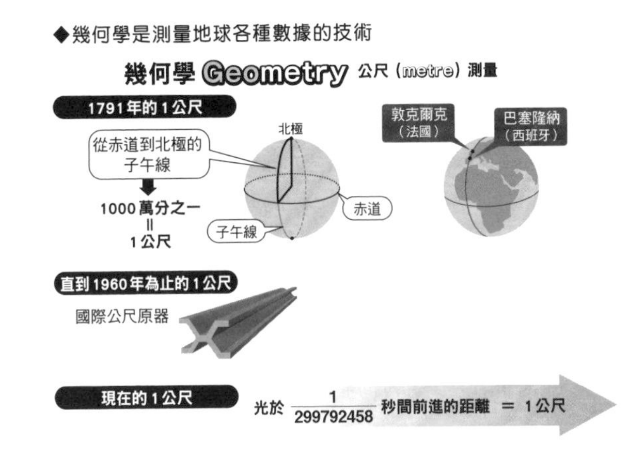

以原子世界為舞台的追尋將繼續下去

最初「公尺」與「秒」分別以地球的圓周以及地球的自轉周期定義，但現在都以「秒」為基準，重新定義了「公尺」，這也是物理學不斷發展所導致的結果。

單位的發展歷史是從被譽為大地之母的地球為出發點，後來改以太陽為基準，之後又突然轉換舞台，進入「光與原子」的物理學世界。

到最後，「公斤」也是以原子定義。國際公斤原器的質量會因表面吸附作用而出現極些微的誤差，所以「公斤」也繼「公尺」與「秒」之後，以非人造之物的「光」的物理量定義單位，而這就是於178頁介紹的新定義，也是以光（光子）的能量定義重量（質量）的概念，愛因斯坦就是於此時登場。

讓「愛因斯坦的質能轉換公式」與「波長λ（m）的光子的能量E（J）公式」組合，就能得出「1公斤為靜止能量與波長λ（m）的光子能量相等的物體的質量」。

這些定義越來越偏物理學，而不懂物理學的人可能會覺得很難理解。

不過，當我們回顧「公尺」誕生的過程，就會發現其實本質是沒有任何改變的。當時透過最先進的科學技術定義「公尺」的時候，作為基準的就是我們人類居住的地球。

而現在，制定「單位」最先進舞台就是我們後來發現的「時空」，以及「宇宙」這個數學與科學的大地。

我們人類生活在周長為4000萬公尺、重量約6秭公斤、自轉周期為86400秒的地球。

當我們的大地從地球升級至時空或宇宙之後，單位也變得更加精準。雖然單位的定義今後會越來越複雜，但今後我們仍會以「公尺」、「公斤」與「秒」做為長度、重量與時間的單位。

為了定義通用的單位，就必須如前述般，在天文學、物理學、化學、工程學以及各種領域有所進展，只有集結人類的所有智慧，才得以制定精準的單位。

數學除了是一門學問，更是所有領域的根基。

「metre（公尺）」這個單字的意思是「測量」，而「幾何學（geometry）」則有「測量（metry）大地或地球（geo）」的意思，換言之，幾何學就是測量地球的學問。

一直以來，我們不斷地測量地球的各種數據，也在這個地球生存，而「測量」一定需要「數」這個概念。

由法國革命的鬥士提出的「制定全世界通用單位」夢想正一步步實現，目前通用的單位也在全世界多個國家的競爭與幫助之下成立。

由於米制公約是於1875年5月20日成立，所以5月20日又稱為「世界計量日」。

每逢這天，大家不妨遙想一下前人為了制定「公尺」、「公斤」與「秒」，耗費了多少心力吧。

透過紅線結緣的數

只找到51個的完全數

「6」、「28」、「496」這種除了本身之外，所有因數的總和恰巧等於自己的數字稱為「完全數」。到目前為止（2021年6月），在無限多個自然數之中，只找到51個「完全數」。

尋找「完全數」的難度與尋找質數的困難度有關。

▶完全數

$$6=1+2+3+\cancel{6}$$

$$28=1+2+4+7+14+\cancel{28}$$

$$496=1+2+4+8+16+31+62+124+248+\cancel{496}$$

成對的友誼數

「友誼數」則與「完全數」相反，是「除了自己之外，所有因數的總和為彼此」的數。

▶友誼數

220的因數總和＝1＋2＋4＋5＋10＋11＋20＋22＋44
＋55＋110＋220＝284

284的因數總和＝1＋2＋4＋71＋142＋284＝220

1184的因數總和＝1＋2＋4＋8＋16＋32＋37＋74
＋148＋296＋592＋1184＝1210

1210的因數總和＝1＋2＋5＋10＋11＋22＋55＋110
＋121＋242＋605＋1210＝1184

數會跳舞？社交數

此外，還有下列這些「社交數」（12496、14288、15472、14536、14264）。第一個社交數「12496」的因數總和為「14288」，而「14288」的因數總和為「15472」，最後一個社交數「14264」的因數總和則為第一個社交數「12496」，換句話說，「社交數」具有這種繞了一圈，回到開頭的關係。

找出數之間的關係

一如「完全數」是單一的數，「友誼數」是「成對」的數，

▶社交數

12496的因數總和＝1＋2＋4＋8＋11＋16＋22＋44＋71＋88＋142＋176＋284＋568＋781＋1136＋1562＋3124＋6248＋~~12496~~＝14288

14288的因數總和＝1＋2＋4＋8＋16＋19＋38＋47＋76＋94＋152＋188＋304＋376＋752＋893＋1786＋3572＋7144＋~~14288~~＝15472

15472的因數總和＝1＋2＋4＋8＋16＋967＋1934＋3868＋7736＋~~15472~~＝14536

14536的因數總和＝1＋2＋4＋8＋23＋46＋79＋92＋158＋184＋316＋632＋1817＋3634＋7268＋~~14534~~＝14264

14264的因數總和＝1＋2＋4＋8＋1783＋3566＋7132＋~~14264~~＝12496

「社交數」是更多的數，計算因數的總和等於找出數之間的關係。「完全數」是由古希臘數學家歐幾里德（西元前330年左右～西元前260年左右）發現。同時享有幾何學之父盛名的歐幾里德認為「$2^{n-1}(2^n-1)$」為完全數的必要條件為「2^n-1」必須是質數。

◆古希臘的數學家

「雅典學院」的畢達哥拉斯
（B.C.570年左右～B.C.496年左右，下排左方第二位人物）

「雅典學院」的歐幾里德
（B.C.330年左右～B.C.260年左右，右下角的人）

女（2）×男（3）＝結婚（6）

「完全數」與「友誼數」在畢達哥拉斯主義（古希臘哲學的一派）廣為人知，完全數的「6」也被視為「象徵結婚的數字」。畢達哥拉斯學派將第一個偶數「2」視為女性，並將接下來的奇數「3」視為男性，而「6」則是這兩個數的乘積。

婚約數

「完美數」、「友誼數」、「社交數」有項共通的特徵，那就是要從因數之中排除自己，否則因數的總和就會大於自己，自己等於因數總和的關係性也無法成立。

接著讓我們進一步思考吧。所有自然數都有「1」與「自己」這兩個因數。假設「完全數」、「友誼數」、「社交數」是從因數排除自己的數，那麼如果連「1」一起排除的話，會得到什麼結果？答案就是所謂的「婚約數」。

目前已知的是，（48、75）是最小的「婚約數」組合，其次為（140、195）和（1050、1925）。

▶婚約數

48的因數總和 $= \cancel{1} + 2 + 3 + 4 + 6 + 8 + 12 + 16 + 24 + \cancel{48} = \underline{75}$

75的因數總和 $= \cancel{1} + 3 + 5 + 15 + 25 + \cancel{75} = \underline{48}$

140的因數總和 $= \cancel{1} + 2 + 4 + 5 + 7 + 10 + 14 + 20 + 28 + 35 + 70 + \cancel{140} = \underline{195}$

195的因數總和 $= \cancel{1} + 3 + 5 + 13 + 15 + 39 + 65 + \cancel{195} = \underline{140}$

1050的因數總和 $= \cancel{1} + 2 + 3 + 5 + 6 + 7 + 10 + 14 + 15 + 21 + 25 + 30 + 35 + 42 + 50 + 70 + 75 + 105 + 150 + 175 + 210 + 350 + 525 + \cancel{1050} = \underline{1925}$

1925的因數總和 $= \cancel{1} + 5 + 7 + 11 + 25 + 35 + 55 + 77 + 175 + 275 + 385 + \cancel{1925} = \underline{1050}$

人類為數的媒人

媒人的工作就是幫助陌生的兩個人認識彼此，直到結婚為止，而結合的兩個人越是幸福，就會越覺得彼此是命中注定的另一半。

不過，就算是被紅線綁在一起的兩個人，也沒那麼容易相遇，有時候甚至沒辦法用力將紅線往自己的方向拉，只有能看得見紅線的媒人才能透過這種特殊能力撮合兩個人。

一開始，沒人知道「220、284」這種「友誼數」之間有紅線，所以才需要人類幫忙扮演媒人與撮合。

擁有計算能力的人類，而且是擁有高階計算能力的數學家才得以承擔這個光榮的任務。對「數」來說，瑞士的李昂哈德・尤拉可說是最棒的媒人。在尤拉之前，僅僅發現了3組「友誼數」，但光是尤拉一人，就成功發現了59組友誼數。

尤拉也覺得困難的題目

順帶一提，目前只發現（220、284）和（1184、1210）這種由兩個偶數組成的「友誼數」，還沒發現由偶數與奇數組成的「友誼數」。在友誼數之前發現的「完全數」也都是「偶

李昂哈德・尤拉
（1707～1783）

數」，目前還沒人知道是否有奇數的「完全數」。

就連在數學分析學做出偉大貢獻的天才數學家尤拉，也在1747年的論文指出這道題目有多麼難以解決。

男女的數相會之時

請大家回想一下畢達哥拉斯學派看待「數」的方法。

偶數的「2」是女性。

奇數的「3」是男性。

偶數的組合為友誼數，也就是女性的組合，所以不命名為「婚約數」而是命名為「友誼數」。

此外，「完全數」都是偶數，也就是女性這點，也讓人心服口服，因為做為生物原型的女性本來就是以「完成體」的姿態來到世上的。

至於（48、75）（140、195）（1050、1925）這類「婚約數」則是女性與男性的組合。

我想，一定還有很多「數」正靜靜地等待著人幫它們撮合。

Part Ⅳ

好玩到讓人睡不著的「人與數學」

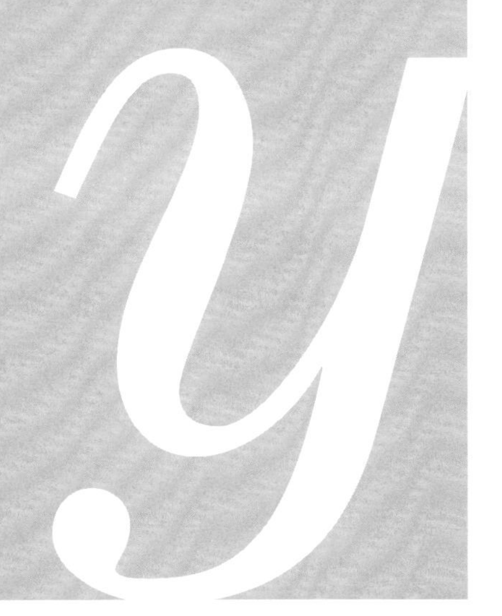

壽命與數學 ——人生的折返點是幾歲?

我們人類的壽命往往不到100年。根據WHO(世界衛生組織)發表的2021年版世界衛生統計,平均壽命最長的是日本的84.3歲,第二名是瑞士的83.4歲。

接著要問大家一個問題。假設人生只有100年,那麼折返點是幾歲呢?

當我們長大成人之後,總覺得一年過得比還是小學生的時候快得多,會有種小學生時期的一年,比長大之後的一年長很多的感覺,比方說,我們會覺得小一到小四的這四年,比十九歲到二十三歲這四年來得更長,這青春期的四年一轉眼就過去了。當我們越來越長大,便越來越能體會「光陰似箭」這句話的意思。

法國哲學家保羅・亞歷山大・雷內・珍妮特(1823~1899)曾在觀察人類這種對時間流逝的感受之後,提出下列的結論。

「人類會以活了多久的時間,感受現在的時間。」

比方說,十歲少年的一年,相當於十分之一的長度,但是六

◆珍妮特的法則

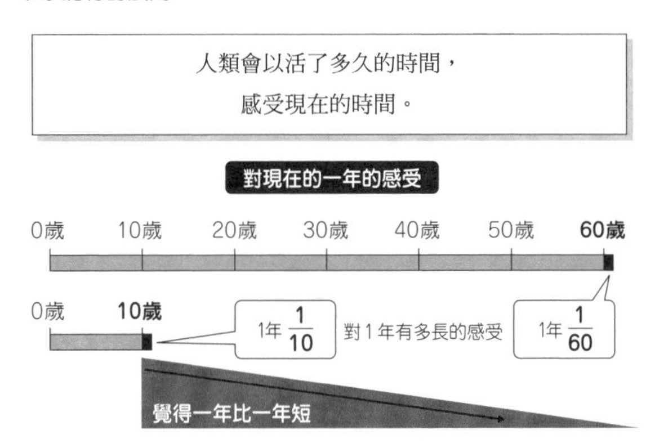

十歲大人的一年，卻是六十分之一的長度，所以就感受而言，六十歲大人的一年差不多只有十歲那年的六分之一而已。

這種無視時鐘上的時間，只憑主觀感受到的時間可稱為感覺時間。對十歲的人來說，時鐘上面的時間為「1年＋1年＋1年＋1年＋1年＋1年＋1年＋1年＋1年＋1年＝10年」，但是在感覺時間的總和來說，卻是「1/1年＋1/2年＋1/3年＋1/4年＋1/5年＋1/6年＋1/7年＋1/8年＋1/9年＋1/10年＝2.928……年」。在此為了讓內容變得更簡單易懂，將一歲那年的感覺時間設定為「一年」。

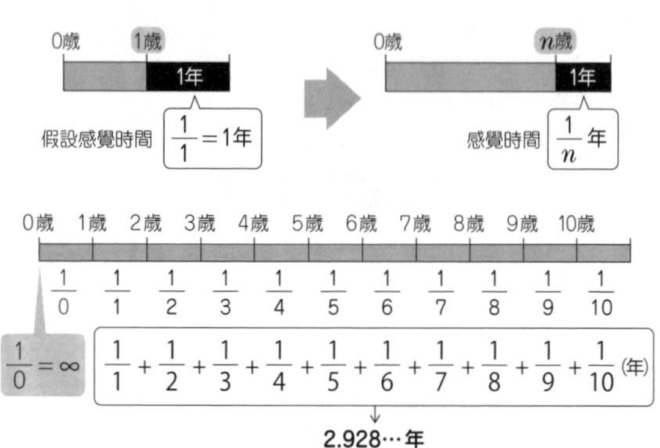

以積分計算人生

可根據這個模型（假說）加總到某個特定年齡為止的「感覺時間」。上圖是以一年為間隔的單位，觀察「感覺時間」的變化，但如果將間隔縮短為一個月、一天、一小時或是一秒，就能更正確地加總「感覺時間」

從a歲到b歲的「感覺時間」的總和S可利用積分求出，而這種感覺就像是以積分計算人生。

簡單來說，a歲到b歲的人生的一半可透過√（a×b）的算式算出。若是時間上的零歲到一百歲，那麼人生的折返點就會是（$0+100$）$\times 1/2=50$歲，而這種計算結果稱為「算式平均數」，這也是最常見的平均值之一。反之，讓兩個數先相乘再乘以1/2的$\sqrt{(a\times b)}$則稱為「幾何平均數」。以積分計算人生，求出「感覺時間」的總和，再根據這個總和算出人生折返點的年齡之後，這個年齡就是所謂的「幾何平均數」。

讓我們試著將各種年齡代入剛剛的公式的a與b的位置，算出人生折返點的年齡吧，不過，a（歲）的部分不能代入0。以一歲到一百歲的情況來看，人生折返點的年齡為「$\sqrt{(1\times 100)}=10$歲」。我們應該都很難接受這個結果，所以讓我們將第一個年齡設定成剛開始懂事的四歲再計算看看。假設是四歲到一百歲的情況，人生折返點的年齡為「$\sqrt{(4\times 100)}=20$歲」。假設在b的部分代入日本人的平均壽命，就會得到約18歲的結果。

大家都是幾歲開始懂事的呢？又想活到幾歲呢？不妨試著將這兩個歲數代入a與b，算算人生折返點的年齡吧。

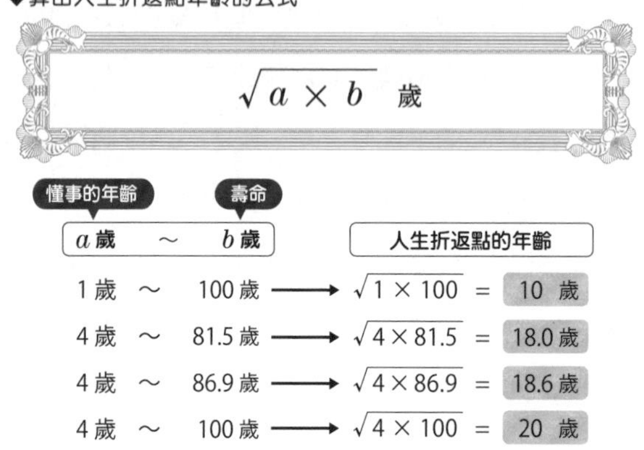

元服訂為十五歲的適當性

仔細一想就會發現，這世上有一些從小就開始密集訓練的職業，比方說，音樂家、運動員、傳統藝能、棋士。有心從事這些職業的人往往從小就接受家人或是老師超乎常人想像的指導或特訓，到了十歲左右轉為職業，或是擁有職業實力，並在二十歲左右，在該業界嶄露頭角。

自奈良時代之後，日本男性會在十五～十七歲舉行元服儀式，也才算是長大成人。上述這些事都與人生折返點的年齡為十歲至二十歲這點，有種不謀而合的感覺。

其實只要仔細想想，就會發現二十歲的成人式的確是確認人生折返點的儀式。

活在每個瞬間的意義

以為新人生正要開始的大學生其實已經通過人生的折返點。大學畢業之後，也不該展開什麼「尋找自我之旅」。如果在二十歲之前過得渾渾噩噩，代表已經失去了難以挽回的寶貴時間。

珍妮特的法則就是不斷地拿現在的時間與過去的時間相比，換言之，這項法則的前提在於重視過去，如此一來，就會出現具震撼性的結果。也就是當我們不重視過去，這個前提就會消失，而這段期間之內的感覺年齡就不會遞增，也就是「不會變老」。活在每個瞬間，而不是不斷地後悔與擔心未來，是能擺脫珍妮特法則的生存之道。

戰爭與數學——拿破崙定理

1805年的特拉法加海戰

1805年，由英國海軍中將納爾遜率領的英國海軍重創了由拿破崙所率的法西聯合艦隊。由於兩軍是在西班牙特拉法加角的海面決戰，所以史稱特拉法加海戰。英國在這場拿破崙戰爭之中最大的海戰獲勝之後，徹底粉碎了拿破崙登入英國本土的野心。

特拉法加海戰備受關注的原因在於英國只有三十三艘船艦，聯合艦隊有四十一艘船艦，居於劣勢的英國竟然贏得勝利這點。

要分析英國獲勝的因素，就必須用到數學。最大的致勝關鍵在於納爾遜截斷敵軍艦隊的戰術。數量僅三十三艘的英國艦隊拆散聯合艦隊之後，再採取個個擊破的戰略，取得最終的勝利。

假設，數量為四十一艘的聯合艦隊拆成兩隊，一隊為二十艘，另一隊為二十一艘，此時英國艦隊與聯合艦隊在第一場對戰之中的船艦數量將會是33：20，接著是33：21，如此一來，英國就能扭轉情勢。

有些人覺得，就算是直接開戰，或許英國也是大有可為，因為33：41這個比例似乎不足以讓英國陷入壓倒性的劣勢，其實不然。如果真的是以三十三艘船艦直接對上聯合艦隊的四十一艘船艦，英國肯定會陷入絕對的劣勢，一點勝算也沒有。

拿破崙定理（兵力平方的定理）

戰力比並非船隻比的33：41＝1：1.24（約1.2倍），就結論而言，戰力比為33的平方：41的平方，所以是1089：1681＝1：1.54（約1.5倍），與前面的1：1.24有明顯的差距。

利用微分方程式可說明箇中原由，但讓我們把這部分放在後面，先從拿破崙定理開始說明。

所謂的拿破崙定理就是「戰力與數（戰鬥員、船隻數）的平方呈正比」。

在特拉法加海戰之中，船艦的艘數（英國艦隊三十三艘，聯合艦隊四十一艘）就是戰鬥員的人數。如果數量相對較少的英國艦隊被聯合艦隊殲滅的話，聯合艦隊會剩下幾艘船艦？這個問題可根據拿破崙定理如下計算。

$\sqrt{(41^2-33^2)}=24.3310\cdots\cdots$

聯合艦隊殘留的船隻數為過半數的二十四艘。

納爾遜知道與四十一艘船隻的聯合艦隊正面衝突毫無勝算，所以才決定使計讓敵軍拆成兩半，再個個擊破。當雙方如前述般，以船隻數33：20以及33：21的比例作戰，可依照拿破崙定理如下算出戰力。

英：法＝33：20→33的平方：20的平方＝1089：400

＝2.72（約2.7倍）：1

英：法＝33：21→33的平方：21的平方＝1089：441

＝2.47（約2.5倍）：1

不管是哪一種，情勢都是逆轉的。

拿破崙定理的意義

為了方便大家了解，在此要以較小的數字說明拿破崙定理。假設英國有三艘船，聯合艦隊有四艘船。大部分的人都會覺得，雙方只差一艘船，但如果以拿破崙法則計算，雙方的差距就會如下。

英：法＝3：4（約1.3倍）→3的平方：4的平方＝9：16

（約1.8倍）

這意味著，即使雙方在最初的船隻數量差異不大，但隨著時間演變，差距會越拉越大，最後出現明顯的差距。人數（船隻數）越多，戰局越有利。

拿破崙定理的另一個名字「集中效果法則」

拿破崙定理會隨著特徵而有不同的名稱，「集中效果法則」就是其中一個。一如特拉法加海戰告訴我們的，軍隊應該盡可能團結一心地攻擊同一個部位，才能對敵軍造成有效的打擊。反過來說，將戰力拆成兩股或三股只會導致戰力變弱，是絕對不該採用的戰術。

拿破崙定理的應用

拿破崙定理告訴我們「要集中戰力」。比方說，當功課堆積如山，卻想要一口氣解決所有功課的話，往往會讓我們喪失鬥志，一直無法開始。

如果大家遇到這種情況，就要想起拿破崙定理（集中效果法則）。假設眼前有國語、數學、英文這三種功課，建議先集中處理國語（這個敵人）的功課。等到解決了國語，接著再處理數學，數學解決之後，再處理英文，這種逐次個個擊破是非常有效的戰術。

德國的福斯公司與其他公司進行銷售競爭時，通常會以建立一個市佔率超過百分之四十的地區做為首要目標，而不是一口氣讓整個區域的對手消失，這就是所謂的「集中戰力」原則。

弗瑞德里克・威廉・蘭徹斯特

發明拿破崙定理的是弗瑞德里克・威廉・蘭徹斯特（1868～1946）。他是英國汽車工程學、航空工程學的工程師，曾於1916年發表「用於戰爭的飛機——第四種武器的曙光」這份報告。這份報告曾以數學分析了納爾遜與拿破崙的戰術，因而導出拿破崙定理。

最後為大家介紹導出拿破崙定理的數學。

假設在時間t的時候，英軍與聯合國軍隊的人數（船隻數）各為E與F，而且兩軍的每位士兵（船隻）的強度都相同。

那麼當雙方爆發衝突時，英軍士兵（船隻）的減少速度（趨勢）將與聯合國軍隊士兵（船隻）呈正比，同理可證，聯合國軍隊士兵（船隻）的減少速度（趨勢）也與英軍士兵（船隻）呈正比。

$$\begin{cases} \dfrac{dE}{dt} = -F \\ \dfrac{dF}{dt} = -E \end{cases}$$

能代表雙方這種關係的是下一頁的微分方程式。等號的右側之所以出現負號，是為了表示士兵減少的情況。

若解決這個聯立微分方程式，就會發現不管$E^2-F^2=t$這個公式是否成立，答案都是固定，也就是「戰力的差距為人數（船隻）平方的差距」。

我們總是有很多事情要解決，例如小朋友要解決的是功課，大人要面對的是工作。雖然這些事情不算是敵人，但無法順利做完功課或工作的時候，我們常常會嘗到敗北的滋味。這時候大家不妨回想一下拿破崙定理，並且在解決功課或工作的時候，回想一下「兵力平方法則」這個結論。

戀愛與數學
——解開戀愛方程式就能預測戀情的結局？

1988年的論文「戀愛與微分方程式」

大部分的人應該都很難想像戀愛與數學之間的關係吧？戀愛與文學、戀愛與電影、戀愛與音樂、戀愛與旅行，這些組合都有明顯的相關性，不過戀愛是人類的特權，數學與戀愛當然也不會毫無關係。

1988年，美國數學家斯托加茨曾發表了「戀愛與微分方程式（Love Affairs and Differential Equations）」這篇論文。在此為大家介紹論文的內容。

將戀愛的強度畫成模型——戀愛等級R與J

我們可以感受到自己有多麼喜歡一個人。雖然無法量化喜歡對方的程度，也無法量化對方有多麼喜歡自己，但我們的感覺的確有程度的差異。

從一見鍾情到告白為止，喜歡對方的程度每天都會增加，反之，就算是炙熱無比的戀愛，也有可能因為對方無心的一句話而冷卻，而在這種情況下，喜歡對方的程度也有可能瞬間滑到谷底。

這種喜歡的程度可視為時刻都在產生變化的量，而這個量的變化程度在數學稱為微分。比方說，前面的「壽命與數學」也提到了時間的流逝對吧？當時提及的感覺年齡也是時刻變化的量。

物理學只能測量長度、重量與時間這些量，而以x、y、z、t這些變數代表這些量之後，就輪到數學登場。當我們發現長度或重量隨著時間變化時，就能利用微積分找出該現象背後的原理，還能進一步預測未來，而這個過程就稱為「建造模型」。

就算是感覺年齡、喜歡程度這類難以測量的量，一旦改以x、y、z代替，就能利用數學處理，而這點與物理學可說是完全相同。經濟學也是基於模型成立。想要買東西的時候，想買的心情是有程度之分的，而且付了錢，將商品拿在手上之後的心情也是有等級之分的。經濟學將這類等級稱為「效用」（utility）。一旦以x代表這個效用，就能利用數學分析，也能利用微積分計算。經濟學與物理學一樣，都是透過模型建立的科學。

接著讓我們試著替男女的戀愛建立模型。時刻變化的「喜歡程度」到底是由什麼因素決定的呢？

在此先將「喜歡的程度」設定為「戀愛等級」。在斯托加茨的論文之中，戀愛等級被命名為R與J，分別是羅密歐（Romeo）與茱麗葉（Juliet）的首字。

接著是斯托加茨設計的戀愛模型，也就是戀愛的聯立微分方程式。只要解開這個方程式，就能知道戀愛的結局。

戀愛等級的R與J是由時間t決定的量，也就是R（t）與J（t）。R（t）是在時間t的時候，羅密歐對茱麗葉的戀愛等級，而J（t）則是在時間t的時候，茱麗葉對羅密歐的戀愛等級。

由於戀愛等級R（t）與J（t）為時刻變化的量，所以可利用微分（趨勢）計算。當羅密歐越來越喜歡茱麗葉的時候，戀愛等級R（t）的趨勢（微分）會是正數。當茱麗葉越來越討厭羅密歐的時候，戀愛等級J（t）的趨勢（微分）將會是負數。

◆解決戀愛的聯立微分方程式

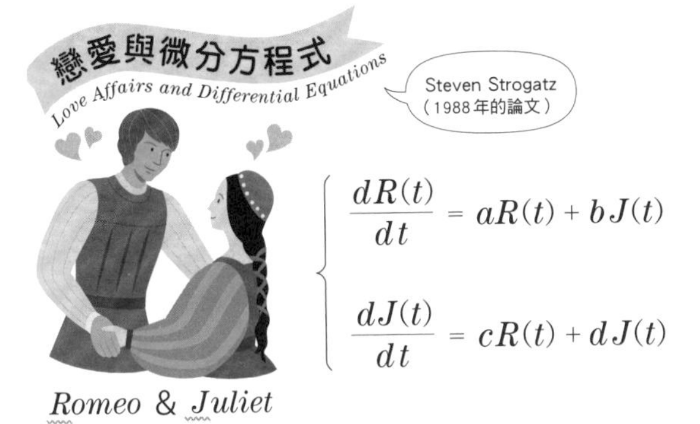

$$\begin{cases} \dfrac{dR(t)}{dt} = aR(t) + bJ(t) \\ \dfrac{dJ(t)}{dt} = cR(t) + dJ(t) \end{cases}$$

戀愛的微分方程式

R（t）與J（t）的微分為dR（t）／dt與dJ（t）／dt。讓我們來思考一下，這個戀愛等級的微分（趨勢）是由哪個因素決定。真正的戀愛方程式是非常困難的問題，所以模型要盡可能設計得簡單一點。

讓戀情萌生的因素應該是自己與對方的想法。無法見到對方的時候，一直想著對方的時候，就會越來越喜歡（討厭）對方。

◆戀愛等級

Romeo ➡ *Juliet*

$R(t)$ 在時間 t，Romeo對Juliet的戀愛等級

$R(t)>0$ Romeo **喜歡** Juliet

$R(t)=0$ Romeo對 Juliet **不感興趣**

$R(t)<0$ Romeo **討厭** Juliet

Juliet ➡ *Romeo*

$J(t)$ 在時間 t 的時候，Juliet對Romeo的戀愛等級

$J(t)>0$ Juliet **喜歡** Romeo

$J(t)=0$ Juliet對 Romeo **不感興趣**

$J(t)<0$ Juliet **討厭** Romeo

收到情書、郵件或是簡訊時，也會越來越喜歡（討厭）對方。

因此，羅密歐的戀愛等級的微分（趨勢）dR（t）／dt就是羅密歐對對方的戀愛等級R（t）與對方對羅密歐的戀愛等級J（t）的總和，所以這裡在R（t）與J（t）乘上代表對dR（t）／dt產生影響的系數。同理可證，茱麗葉的戀愛等級的微分（趨勢）dJ（t）／dt是茱麗葉對對方的戀愛等級J（t）與對方對茱麗葉的戀愛等級R（t）的總和。如此一來就能建立羅密歐與茱麗葉的戀愛微分方程式。

解開戀愛聯立微分方程式

微分方程式右邊（參考213頁）的係數a、b、c、d為兩人的戀愛傾向與特徵。只要這些係數確定，初始值（戀情的開端）就會跟著決定。假設羅密歐對茱麗葉一見鍾情，但是茱麗葉討厭他的話，那麼雙方的初始值分別是R（0）＝1、J（0）＝－1，如此一來等於替我們解開了這個微分方程式。

現代可利用電腦快速解開這個聯立微分方程式＋初始值的問題，而且將結果畫成圖表之後，就能觀察這兩人的戀愛在每個時刻的變化。

調整係數a、b、c、d與初始值R（0）、J（0）就能模擬各種模式的戀愛。

讓我們模擬看看「戀情不順利的模型」，也就是羅密歐被茱麗葉喜歡之後，變得越來越喜歡茱麗葉，而茱麗葉被羅密歐喜歡之後，越來越討厭羅密歐的模式。

結論就是「兩情相悅→暗戀→大吵一架→暗戀→兩情相悅」這個循環。其實這個結論很令人玩味，而且不管初始值是前三個係數（兩情相悅、暗戀、大吵一架）的哪一個，都會形成這個循環。

這簡直就是戀情的無窮循環。不知道各位身邊有沒有這類情侶呢？一吵架，感情就變糟，但沒多久又黏在一起的情侶。這種情侶的戀愛傾向與特徵完全可利用上述這個微分方程式說明。

數學與戀愛

或許大家一開始很難想像，但看了這個模型之後就會發現，戀愛也可以轉換成方程式。

話說回來，有些人或許會覺得透過數學解釋自然現象或是戀愛很奇怪，但這種做法充其量是為了闡明戀愛的原理，我們只是建立了模型，解開了微分方程式，不是真的墜入愛河。

現代的天氣預報就是奠基於地球的氣候模型。AI（人工智慧）則是模仿人類的認知機能模型，而這兩種模型都是現代生活的基礎。

想知道「為什麼」的想法讓我們創造了數學，而我們也才剛了解數學的力量。

◆戀愛不順利的模型

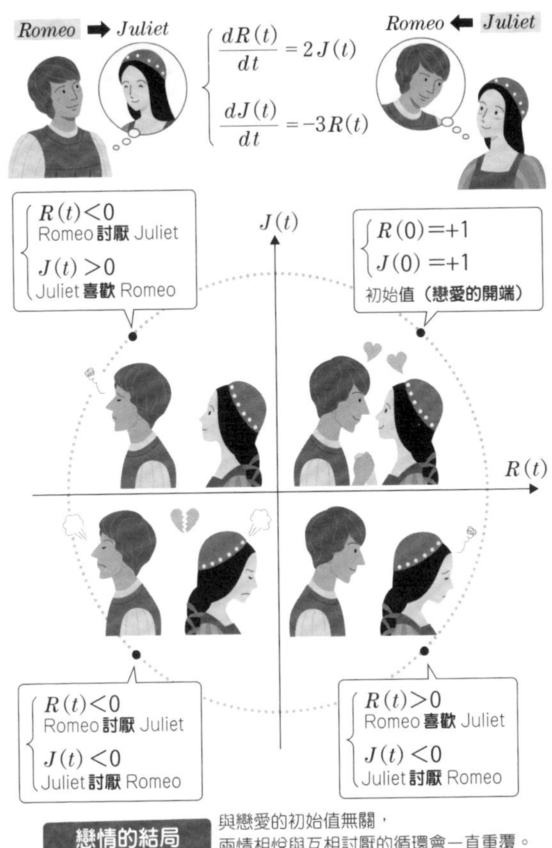

戀情的結局 與戀愛的初始值無關，兩情相悅與互相討厭的循環會一直重覆。

結語

計算是一趟旅程。

當我問自己，我為什麼會想到寫在「前言」的這句話，才發現這句話的起點是松尾芭蕉。

1689年，芭蕉從深川的茅庵往東北出發。

月日乃百代過客
往而復返的歲月亦為旅人
乘著小船度過生涯
拉著馬慢慢變老的人
活在日復一日的旅程之中，以旅程為棲處
眾多古人皆死於旅途

從《奧之細道》的開頭就能得知，松尾芭蕉對這趟旅程的決心有多麼強烈。我從小學的時候就喜歡旅行，也很喜歡順著自己的心意走向遠方。

時而騎腳踏車，時而搭乘火車旅行。少年時代的我很喜歡計算。

一切起源於製作收音機。要看懂電路圖，就一定需要懂得計算，但是變得越來越有趣的反而是計算這一塊。

到了國中之後，我在國語教科書讀到了芭蕉的《奧之細道》，也因此大受衝擊。當我讀完芭蕉的俳句，我才發現自己的故鄉——山形的風景有多麼美。

賭上性命，踏上旅程的芭蕉在這趟旅程之中寫下的俳句，原來這麼有力量。

同樣的，我在國中時代也愛上了愛因斯坦的世界，而愛因斯坦的世界與芭蕉的俳句在我心中的份量也越來越重。

愛因斯坦利用算式說明了宇宙的真理，芭蕉利用俳句描述了日本的大自然。兩者都以言語呈現了大自然之美，而這些言語都讓我感動不已。多虧芭蕉，我才能從語言的角度發現數學的魅力，這不禁讓我覺得，所謂的天才就是能看穿大自然的本質，並且以語言恰如其份地說明。

最終，我選擇的言語是數學。

芭蕉心中的「古人」就是偉大的西行法師或能因法師，但我心目中的古人則是納皮爾、尤拉、黎曼與拉馬努金這些數學家。

一如芭蕉一直想仿效西行法師與能因法師，捨命踏上旅程，我也夢想自己踏上計算之旅，成為宣揚數學魅力的科學領航者。

人類一生的時間不足百年，相較於沒有盡頭的計算之旅，人的一生實在非常短暫，但只要有人接棒，繼續踏上這計算之旅，就能抵達前人未及的遠方。

數學家在看似相異、相距甚遠的世界之間架起名為等號的橋樑。不斷地朝著計算之旅的遠方前進，就能找到全新的風景，走進沒人發現的世界。當我們遇見這些想串起等號的旅人，便會為了算式而感動。

這就像是遇見了芭蕉的俳句。

名為算式的列車在等號這條軌道上奔跑

每位旅人都懷抱著夢想

追求浪漫的計算之旅沒有盡頭

為了追求前所未見的風景

今天，旅程仍要繼續

此時此刻，科學領航員仍在某處述說著故事。

2011年6月

櫻井進

文庫版結語

於2011年刊出的本書是於前一年的2010年刊行的《面白くて眠れなくなる数学》的續篇。之所以會出續篇原因無他，就是前作廣受好評。自此《趣味數學研究所》也成為系列著作。為什麼《趣味數學研究所》會受到讀者喜愛呢？身為作者的我對這點非常好奇，但也不太可能真的進行調查，所以在此介紹一些著寫《趣味數學研究所》的講究之處。

「直式排版」※此處指日文原書版面

對日文書來說，橫式排版或是直式排版是件非常重要的事。其實大家只要回想一下教科書就會知道，數學課本通常是橫式排版的，而且若是到書店翻一翻數學相關書籍，也會發現大部分都是橫式排版。不管是文庫本、新書還是和算領域的書籍，幾乎都是橫式排版。採用橫式排版的理由非常簡單易懂，因為公式或算式都是橫式排版。應該很少人會以直式排版的方式編排充滿各種公式的書籍才對。不過，我非常堅持採用直式編排。雖然寫作的時候是橫式排版，但在編排的時候，會要求文字的部分採用直式排版，算式的部分則當成圖版編排。這一切都是為了讓讀者能夠更順利地閱讀。

就我的觀察而言，應該有不少人對公式有興趣，但不知道該怎麼切入。不同領域的書籍會有直式或橫式排版的習慣。以歷史相關書籍而言，橫式排版與直式排版不太會讓讀者有什麼不同的印象，不過數學相關的書籍卻不是這樣。

對數學一竅不通的人來說，橫式排版的數學相關書籍就是刻板印象中的數學教科書或是解說書籍，一旦調整為直式排版，整本書給人的印象就會變得完全不同。

如此一來，或許能讓大家覺得「說不定我能讀得懂這本書」，為了讓更多人能夠閱讀本書，才會讓這本書採用直式排版。

有趣的是，日語是能橫式排版也能直式排版的語言。這世上還有如此不可思議的語言嗎？我會繼續思考橫式與直式排版的問題，但不知道得耗費多少版本，所以先暫時打住，有機會再與大家聊聊後續。

「短篇」

這本書之所以會以短篇的方式呈現，最主要的理由在於我個人喜歡單元式的短篇內容。比方說，多啦A夢的漫畫、星新一的微型小說都是由短篇內容組成。我很喜歡那種回過神來，才發現自己讀完一整本書的感覺。

數學是波瀾壯闊的故事。以質數為例，與質數有關的研究從古希臘時代就持續到現在，而且若要以質數為一本書的主題，這本書恐怕會有幾萬頁這麼厚。這實在已經超過人類的想像，所以只好退一步，寫成幾百頁的書。

不過，要閱讀一本頁數多達幾百頁，內容又自成體系的書籍是需要一定的實力的。請大家回想一下，有多少人可以把一本數學教科書從頭到尾讀一遍呢？

就算有人會想在長大成人之後了解數學也不足為奇。總有一天要寫一本橫式排版的數學書籍，而且不是以透過短篇內容的方式介紹單一理論。

讀完一整本數學書籍，並且完整地吸收書中的理論，會讓人非常開心，也很有成就感，會讓人發現，這一本數學書籍在長達二千年的數學歷史之中，彷彿是個短篇小說或是微型小說。

《趣味數學研究所》是一套讀著讀著，不小心就會讀完的叢書，我期待每個在故事之中登場的數學用語都能引起讀者的興趣。

「心象風景」

我很喜歡旅行、旅人、風景、景色這幾個詞，而且通常都會冠上「計算」這個字眼。數學沒有具體的形狀，也沒有顏色、重量與氣味，而且在數學的世界，時間是靜止的。這種理想的存在正是數學的真面目，而數學也對具有實際形體的我們造成深刻的影響。人類透過數學建立了文明，現代的電腦與AI可說是數學的智慧結晶。

數學真的很難，能將數學握在手中簡直就是奇蹟。如此完美的數學就在我們人類的心中存在，而且也在「我」這樣的人類心中存在。為了說明這件事，我通常會使用四個詞彙（旅行、旅人、風景、景色）。與人類一起存在的數學會幫忙人類描繪人類心中的特殊風景。當數學在人類的心中萌芽與躍動，數學世界裡的時間也將開始流動。

我從十歲開始踏上了計算之旅，也搭上時光機，在數學世界的時空之中穿梭，在這趟旅程遇到不少令人驚訝與感動的事情，更見識到數學那無與倫比的真實。「到底該怎麼描述這一切呢？」這是我的挑戰，也是我接下來的旅程。

2021年6月17日

櫻井進

参考文献

『岩波 数学辞典（第4版）』（日本数学会編　岩波書店）
『岩波 数学入門辞典』（青木和彦ほか編著　岩波書店）
『雪月花の数学』（桜井進著　祥伝社黄金文庫）
『オイラー入門』（W・ダンハム著、百々谷哲也、若山正人、黒川信重訳　シュプリンガー・フェアラーク東京）
『数学用語と記号ものがたり』（片野善一郎著　裳華房）
『ガウスが切り開いた道』（シモン・G・ギンディキン著、三浦伸夫訳　シュプリンガー・フェアラーク東京）
『線型代数入門』（齋藤正彦著　東京大学出版会）
『線型代数学』（佐武一郎著　裳華房）
『数学名言集』（ヴィルチェンコ編、松野武、山崎昇訳　大竹出版）
『新・和算入門』（佐藤健一著　研成社）
『トポロジカル宇宙 完全版―ポアンカレ予想解決への道』（根上生也著　日本評論社）
『多様体の基礎』（松本幸夫著　東京大学出版会）
『万物の尺度を求めて―メートル法を定めた子午線大計測』（ケン・オールダー著、吉田三知世訳　早川書房）
H. E. Dudeney, The Canterbury Puzzles, Dover Publications

◇參考網頁
正方形分割　http://www.squaring.net/
フェルマー数　http://www.prothsearch.com/fermat.html

作者簡介

櫻井 進

1968年出生於山形縣。從東京工業大學理學部數學科畢業後，於該大學研究所社會理工學研究科博士課程輟學，成為科學領航員（サイエンスナビゲーター®）。

目前是sakurAi Science Factory股份有限公司董事長兼CEO、東京理科大學研究所約聘講師。

在學時期就曾在大型補習班擔任講師，以簡單易懂的方式教導數學與物理。2000年，成為日本首位科學領航員，並在演講之際，透過數學的歷史以及數學家的生平讓更多人認識數學的精彩之處。讓小學生到老人家都能夠欣賞的現場表演改變了觀眾的觀念，也因此獲得各界好評。世界首見的「數學秀」在日本全國引起迴響，也在電視與報章雜誌等媒體掀起一陣話題。

主要著有《趣味數學研究所》系列（PHP Editors Group出版）、《感動する！数学》（PHP文庫）。

趣味數學研究所

出　　版／楓葉社文化事業有限公司
地　　址／新北市板橋區信義路163巷3號10樓
郵政劃撥／19907596　楓書坊文化出版社
網　　址／www.maplebook.com.tw
電　　話／02-2957-6096
傳　　真／02-2957-6435
作　　者／櫻井進
內文插畫／宇田川由美子
翻　　譯／許郁文
責任編輯／王綺
內文排版／洪浩剛
港澳經銷／泛華發行代理有限公司
定　　價／350元
初版日期／2023年3月

國家圖書館出版品預行編目資料

趣味數學研究所 / 櫻井進作 ; 許郁文譯.
-- 初版. -- 新北市 : 楓葉社文化事業有限
公司, 2023.03　面 ;　公分

ISBN 978-986-370-514-7（平裝）

1. 數學 2. 通俗作品

310　　111022487